物联网正在开启一个新时代。

物联网：
引领中国和世界

INTERNET OF THINGS

张其金·编著

物联网的应用可以涉及几乎所有领域，前景广阔。

中国商业出版社

图书在版编目（CIP）数据

物联网，引领中国和世界 / 张其金编著. -- 北京：中国商业出版社，2016.11
ISBN 978-7-5044-9626-3

Ⅰ．①物… Ⅱ．①张… Ⅲ．①互联网络－应用②智能技术－应用 Ⅳ．①TP393.4②TP18

中国版本图书馆CIP数据核字(2016)第243149号

责任编辑：陈鹰翔

中国商业出版社出版发行

010-83128286　　　www.c_cbook.com
（100053　北京广安门内报国寺1号）
新华书店总店经销
北京凯达印务有限公司

*

720×1000毫米　16开　22印张　230千字
2019年4月第1版　2019年4月第1次印刷
定价：69.80元

****

（本书若有印装质量问题，请与发行部联系调换）

前 言

近几年，我们开始越来越多地听到"物联网"这个词，它为我们描绘出一幅幅智慧生活的场景：顾客站在橱窗前，就可以看到各类服饰的虚拟搭配效果；上班族只要从办公室里发一条手机短信，家里的电饭煲就会自动煮饭；车主通过车载终端，就可以知晓道路上的交通状况以及附近哪里还有车位……除了这些衣食住行的方方面面，物联网还为相关产业的发展带来了新机遇和新变化。

似乎人人都在讨论物联网，那么物联网到底是什么？

按照百度百科的定义，物联网（The Internet of things）是指：通过射频识别（RFID）、红外感应器、全球定位系统及激光扫描器等信息传感设备，按约定的协议，把任何物品与互联网联接起来，进行信息交换和通信，以实现对物体的智能化识别、定位、跟踪、监控和管理的一种网络。物联网的概念是在1999年提出的，用一句话概括，物联网就是"物物相连的互联网"。这有两层意思：第一，物联网的核心和基础仍然是互联网，它是在互联网基础上延伸和扩展的网络；第二，其用户端延伸和扩展到了任何物品与物品之间，包括人，相互间的信息交换和通信。

维基百科是这样解释的：物联网就是把传感器装备到电网、铁路、桥梁、隧道、公路、建筑、供水系统、大坝、油气管道以及家用电器等各种真实物体上，通过互联网联接起来，进而运行特定的程序，达到远程控制或者实现物与物的直接通信。物联网，即通过装置在各类物体上的射频识别(RFID)、传感器、二维码等，经过接口与无线网络相连，从而给物体赋予"智能"，实现人与物体的沟通和对话，也可以实现物体与物体互相间的沟通和对话。

这样，我们就不难理解物联网的概念了。

目前国内外有很多关于物联网的定义，都F有各自的道理，没有正误之分或者高下之别，我在此并不打算引入新的概念去描述什么是物联网，毕竟，本书要做的只是引导大家感受一个全新时代的到来，而不是对物联网的知识进行深入挖掘。

我理解的物联网，其本身并不是一个行业或者技术，而是将人类过去的科技成果集大成而达成的一种全新的未来生活状态。它的影响是将过去分散的、无法自我表达的一切事物注入灵魂，放到一个互通的网络里进行交流、分析并产生更大的价值，其最终的落脚点是让人们享受更加舒适便捷的生活。

这其实是个缓慢的过程，并非通过一朝一夕之力就能够完成，也不是一两项关键的技术所带来的结果。就像前几次工业革命一样，虽然是由某些关键的技术引领的，但它更是整个社会文明通过不断积累由量变到质变的结果。

与互联网看不见、摸不着，所不同的是，在物联网时代，你将能切身感受到这一张网的存在，只是你不会刻意去留意它的存在。举个简单的例子，在你喝水的前一刻，水温、口味乃至于与你健康息息相关的营养素已经为你贴身准备好，而这个结果是通过你的衣服、睡眠、运动和生活习惯等相关数据在云端处理后所得到的。

是的，它正在到来，在你不曾注意的每一个地方将来都会有它的身影，这就是物联网！你看得见，但也可以选择视而不见。

据调研机构Gartner预测，至2025年，联接至互联网的电子设备将超过260亿台。基于当下消费者对物联网接受程度不断攀升的趋势，这一预测将很有可能成为现实。

当今时代，新一轮科技革命与产业变革正在孕育兴起，信息化发展进入以大数据、云计算、移动互联网、智慧物联网为主要标志的智慧化时代，信息网络向着泛在网演进，各类装备通过联网而增强智能。

物联网作为推动世界高速发展的"重要生产力"，继通信网之后，已造就出另一个万亿级市场。基于物联网的飞速发展，智能家居已走入千家万户，正处于爆发前夜。在智能家居领域，ZigBee技术的出现，彻底解决了智能家居最后一百米的网络传输问题。

在很多人看来，物联网比起智能硬件、可穿戴设备、移动互联网等这些时髦玩意要遥不可及，产业的"甜点"还未到来，现在谈它和做它都有点早。但在物联网产业人士看来，前面那些人玩的都是"小儿科"，事实上物联网有着巨大、真实的需求，而且市场就在眼皮底下，像暴风雨来临前的闷热一样，所有水分子都沉甸甸的，只等有人吹一口仙气，暴雨会倾盆而下。

物联网企业赚钱了，为其提供工具、平台、解决方案的IT厂商没有理由不赚钱，而且必须是赚大钱。

据报道，英特尔2016年第三财季总营收140亿美元，运营利润21亿美元。在报告中，英特尔也公布了物联网事业部的营收情况，英特尔物联网事业部的收入是6.51亿美元，环比增长了4%，年同比增长22%。

在整个英特尔公司内部，物联网的营收不到5%，虽然这个在英特尔属于新的业务，却占有非常大的战略地位，年增长达到22%的成绩，这无论是在半导体行业还是英特尔内部，都可以说是非常闪亮的。

看来这个数值不是很高，但事实上它是一个撬动万亿元级市场的关键。从外界看来，目前英特尔在物联网市场主要提供低功耗的夸克处理器和爱迪生处理器，但事实上这是英特尔撬动物联网市场的一个抓手，除了前端的夸克、爱迪生，物联网所需要的从安全到网络，从管理到分析，四个关键维度，英特尔都大有用武之地。这是一个做乘法的生意，绝不能仅仅以销售夸克和爱迪生的数量来计，到2025年物联网将影响全球6200亿美元的经济，这将是多大的市场，这对于英特尔在安全、网络、数据中心、分析市场等生意都将是巨人的拉动。

在英特尔首届物联网创新论坛举办的当天中午，戴尔香港公司的销售总监林长青找到了南京云创存储的负责人，希望未来为他们的数据中心、数据服务提供服务器、存储设备，寻找其中的合作机会。在林长青看来，现在这些企业可能数据处理的量还不大，但是未来他们一定有大量的数据存储和数据分析需求，到那时这些物联网企业一定是他们的大客户。

　　事实上，越来越多的IT企业正在物联网市场进行"未雨绸缪"的布局。华为花2500万美元收购了一家英国无线电模块制造商Neul，并计划投资数千万美元在英国剑桥地区组建物联网基地。华为预测到2025年全球将生产1000亿的联接，这其中将有90%以上是来自各种智能传感器，汽车、智能机器人甚至是生产线上的每一个零部件等工业产品和生产性设备都将加入网络联接。华为轮值CEO徐直军透露，华为正在与宝马汽车进行合作研究，目标是在车联网上携手有所作为。

　　这将是一个巨大的市场，而且需要巨大的生态整合。这个市场需要竞争也欢迎竞争，事实上现在需要更多的厂商加入来把蛋糕做大。这样一个千亿甚至是万亿元级的大市场，给每一类厂商都提供了机会。眼下英特尔在物联网领域的战略是从制造、零售、交通、智能家居等行业市场切入，以推动物联网生态发展的角度来聚集资源。应该说，行业市场既是物联网首先启动的市场也是英特尔的优势市场，而且英特尔有前后端的完整技术和方案，在这个对英特尔具有乘法效应的市场也是未来的关键市场，眼下，布大局比赢一两个小单要重要得多。

　　基于我们对上述的认识，本书将带你逐步了解什么是物联网，并在此基础上了解即将到来的新生活中各种新应用与物联网的关系，并对其目前的状态进行一些分析。

目 录

第一章 突然袭来的物联网

> 物联网产生的大数据与一般的大数据有着不同的特点。物联网的数据是异构、多样性、非结构和有噪声的,更大的不同是它的高增长率。物联网的数据有明显的颗粒性,其数据通常带有时间、位置、环境和行为等信息。物联网数据可以说也是社交数据,但不是人与人的交往信息,而是物与物、物与人的社会合作信息。

物联网的源起 …………………………………………… 3
物联网来自于互联网 …………………………………… 17
物联网是比移动互联网更加复杂的生态系统 ………… 23
物联网的智能产品 ……………………………………… 30
物联网的未来 …………………………………………… 37

第二章　建立物联网的生态系统

> 在物联网、智能硬件、可穿戴设备概念盛行的当下,产业链上游的半导体界也在风口挺进新技术的生态布局。

搭建生态系统助力物联网发展……………………45
物联网需要开放的生态系统………………………53
智能汽车引领物联网变革…………………………63
万物互联中的车联网………………………………71
颠覆世界的物联网…………………………………77
物联网的世界该如何联接…………………………83

第三章　推动物联网发展的技术性革命

> 信息技术为所有产品带来革命性巨变。原先单纯由机械和电子部件组成的产品,现在已进化为各种复杂的系统。硬件、传感器、数据储存装置、微处理器和软件,它们以多种多样的方式组成新产品。借助计算能力和装置迷你化技术的重大突破,这些"智能互联产品"将开启一个企业竞争的新时代。

颠覆性技术革命……………………………… 91
智能互联网技术的产生…………………… 102
重塑行业架构……………………………… 109
数字物联颠覆商业………………………… 116
传感器是物联网的基础…………………… 123
畅享云服务………………………………… 133
物联网技术的安全与隐患………………… 139
物联网时代的产业互联…………………… 143

第四章 物联网对工业革命的改变

> 在工业4.0时代，物联网技术将在很大程度上提高人类的社会生产率。目前在各个行业领域中，互联工厂、互联城市、互联设施、互联公共安全等，越来越多的事物都已经与网络接轨，物联网已经不再是一个概念性名词，而是已经深入渗透到人类生活的方方面面，涵盖了交通、电力、水利、医疗、家居、制造业等。

工业革命的变迁…………………………… 153
物联网改变商业模式……………………… 159
工业互联网的形成………………………… 165
发挥联接的作用…………………………… 171
物联网使你从家到工厂零距离…………… 179
物联时代的工业4.0 ……………………… 184
在制造业中部署物联网…………………… 191

第五章　物联网改变了生活方式

> 物联网是新一代信息技术的重要组成部分，顾名思义，"物联网就是物物相连的互联网"。物联网通过智能感知、识别技术与普适计算，被称为继计算机、互联网之后世界信息产业发展的第三次浪潮。物联网不只将改变我们的日常生活，也会改变我们的工作及业务运营方式，它使工作更加高效、更具生产力，并将更注重强调合作性。它改变世界的步伐正在一步一步地踏实跨越着。

当物联网遇见现实世界……………………………… 199
家居自动化成为现实………………………………… 204
物联网在教育领域的应用…………………………… 206
医疗领域的物联网前瞻……………………………… 209
物联网与交通………………………………………… 213
物联网的零售业革命………………………………… 222
物联网与城市管理和规划…………………………… 230
物联网与食品的关系………………………………… 234
物联网改变一切……………………………………… 238

第六章　物联网不只是简单的物网相联

> 物联网是互联网的应用拓展，与其说物联网是网络，不如说物联网是业务和应用。因此，应用创新是物联网发展的核心，以用户体验为核心的创新2.0是物联网发展的灵魂。

搭建联接一切的物联网生态………………………… 243
物联网到底都能联接什么…………………………… 250

联接赋予价值 …………………………………… 253
设定标准 ………………………………………… 258
云计算是联接物联网的基础 …………………… 263
新的行业边界和产品体系 ……………………… 268

第七章 物联网与大数据

> 物联网为大数据分析提供充足的数据来源，而大数据则可以把这些数据加以分析后实现对"物"的智能控制，二者天生就是紧密联系在一起的。

物联网与大数据是怎么一回事 ………………… 277
物联网中的大数据 ……………………………… 281
大数据牵引物联网 ……………………………… 285
云计算如何处理大数据 ………………………… 290

第八章 物联网的未来

> "万物互联"让所有联接更具关连性而且更有价值。然而真正创造出价值的并不是上网的移动,甚至也不是联接的数量,而是实现上网互联所产生的结果。

物联网的未来…………………………………… 299
万物互联时代初露曙光………………………… 301
5G对物联网的影响 …………………………… 307
物联网的前瞻性视角…………………………… 314

附录:万物互联时代到来 安全挑战前所未有 … 320

第一章
突然袭来的物联网

　　物联网产生的大数据与一般的大数据有着不同的特点。物联网的数据是异构、多样性、非结构和有噪声的，更大的不同是它的高增长率。物联网的数据有明显的颗粒性，其数据通常带有时间、位置、环境和行为等信息。物联网数据可以说也是社交数据，但不是人与人的交往信息，而是物与物、物与人的社会合作信息。

突然袭来的物联网

物联网的源起

信息化经历了初级阶段和中级阶段，现在已经进入智能化（智慧化）这一高级阶段。大数据、云计算、移动互联网、智慧物联网是这一阶段的主要标志。对于物联网，我们可以看到：小米把20家以上的物联网公司纳入米家军、Google 并购提供家庭智能温控品牌 Nest、Apple 也买下耳机与音乐串流服务品牌 Beats、三星收购智能家居初创公司 SmartThings、诺基亚收购 Withings 进一步加强公司在物联网（IoT）行业的领先地位、微软收购意大利物联网平台 Solair 用于加强微软的物联网和企业云服务、软银斥资243亿英镑收购 ARM 打造物联网龙头等等。

科技厂商积极布局物联网市场的背后，就是希望建立一个生态系统，发展服务平台与核心智能产品，并链接跨行业的服务系统，衍生创新的商业形态。

我们都知道，这个世界上存在多种生态系统，比如自然是一种生态系统，人类是一种生态系统，工业是一种生态系统，信息产业也是一种生态系统，资本和金融也是一种生态系统，每种生态系统都有自己的循环结构，生生不息，并不断地趋向平衡。虽然这些生态系统都在向前推进，但是系统与系统之间比较独立。

直到现在，在物联网发展下，这些系统将打破原来的界限，走向共融，共同组建一个更包容的"大生态系统"，也就是万物互联。物联网是工业4.0非常重要的组成部分，这也就是为什么我们说工业4.0不仅是一场工业革命，而是一场社会革命的原因。

在未来，人、花草、机器、手机、交通工具、家居用品等等，世界上几乎所有东西都会被联接在一起，超越了空间和时间的限制。国际电信联盟早在2005年的报告就曾描绘"物联网"时代的图景：当司机出现操作失误时汽车会自动报警；公文包会提醒主人忘带了什么东西；衣服会"告诉"洗衣机对颜色和水温的要求等等。当装载超重时，汽车会自动告诉你超载了多少，同时它还会告诉你空间还有剩余，轻重货物怎样搭配；当快递人员卸货时，一只货物包装可能会大叫"你扔疼我了"，或者说"亲爱的，请你不要太野蛮，可以吗？"；当司机在和别人扯闲话，货车会装作老板的声音怒吼"笨蛋，该发车了！"……

当时在各项产业还相对初级，这些描述有点神乎其神了，但现在看来，这些事情不到十年内都可以实现。其实物联网之所以可以实现人和物的沟通，先是得益于"传感器"技术的不断进步。

物联网的概念是在1999年提出的。物联网就是"物物相连的互联网"，其英文名Internet of Things。这有两层意思：第一，物联网的核心和基础仍然是互联网，是在互联网基础上的延伸和扩展的网络；第二，其用户端延伸和扩展到了任何物品与物品之间，进行信息交换和通讯。因此，物联网的定义是通过射频识别（RFID）、红外感应器、全球定位系统、激光扫描器等信息传感设备，按约定的协议，把任何物品与互联网相联接，进行信息交换和通信，以实现对物品的智能化识别、定位、跟踪、监控和管理的一种网络。物联网被称为继计算机、互联网之后世界信息产业发展的第三次浪潮，它是互联网的应用拓展，与其说物联网是网络，不如说物联网是互联网基础上的业务和应用。

2013年是美国的物联网元年（标志是谷歌眼镜的出现），2014年是中国的物联网元年（标志是小米在2014发布了一系列物联网产品）。

2014年，我国物联网产业规模突破6200亿元，同比增长24%，2015年市场规模达到7500亿元，同比增长21%。

2016年底，全球移动通信用户达到75亿，超过人口总数，渗透率超过100%，人与人的通信增长已显瓶颈，未来主要增长点将在于万物互联带来的物联网增长。目前全球物联网的平均渗透率只有3%左右。相比之下，北欧的渗透率较高，达到20%左右；其他欧美大部分发达国家的渗透率低于10%；中国作为经济体量最大的发展中国家，物联网的渗透率不足5%。未来10年，全球物联网产值将达到8万亿美元。此外，物联网将朝着多元化方向发展，硬件未来将不再是获利的主要来源。到2020年，来自应用和服务的产值将占物联网总产值的70%，远超半导体、通讯技术和云端平台的产值。

2016年全球物联网市场规模达到624亿美元，同比增长29%。预计到2020年全球会有240亿台物联网设备联网，而思科、华为、爱立信则估计2020年物联网联接数量在500亿至1000亿个之间，远超现在70多亿部手机数量。其中，用于运动健身、休闲娱乐、医疗健康等的可穿戴设备会成为主要应用。根据我们的测算，2020年人均联接设备数量将从当前的1.7个上升到4.5个。

2016年，物联网迈向2.0时代，全球生态系统开始加速构建。在我国，物联网的发展过去一直处于政府主导与保护阶段，新一届政府将物联网作为重点产业打造，十三五规划中明确提出"要积极推进云计算和物联网发展，推进物联网感知设施规划布局，发展物联网开环应用"。随着物联网应用示范项目的大力开展，"中国制造2025"、"互联网+"等国家战略的推进，以及云计算、大数据等技术和市场的驱动，将激发我国物联网市场的需求。

我国物联网产业已形成包括芯片和元器件、设备、软件平台、系统集成、电信运营、物联网服务在内的较为完整的产业链。2015年，我国M2M（MachinetoMachine）联接数突破7300万，同比增长46%，RFID产业规模超过300亿元，传感器市场规模接近1000亿元，但产业优势主要集中在中低端硬件领域。整体来看，我国在M2M服务、中高频RFID、二维码等产业环节具有一定优势，在基础芯片设计、高端传感器制造、智能信息处理等产业环节较为薄弱，物联网大数据处理和公共平台服务处于起步阶段，物联网相关的终端制造、应用服务、平台运营管理仍在成长培育阶段。

中国物联网研究发展中心预计，到2020年我国物联网产业规模将达到2万亿，未来5年复合增速22%。相比之下，2016年，我国电信业务收入完成1.13万亿，同比增长仅0.8%，可以预期的是，未来物联网产业规模将达到目前电信产业规模的2倍以上，孕育的产业链机会巨大。

宏观角度看，物联网于国家是一次可以实现弯道超车的机会；于中央政府，物联网是一次可以缩小城乡收入差距和生活质量差距的机会，能提高人民对中央政府的满意度；于各级地方政府，物联网对本地区来说，是一次绝佳的经济大翻身和大赶超的机会；于各行业，物联网的成熟和大发展，必将对3D打印和工业4.0等一些列行业产生深远的影响。而微观角度看，于民营企业，是一次转型的好机会；于公民，尤其是刚毕业的大学生，是一次生活质量弯道超车的机会。

工业4.0，首先要解决的就是要获取准确可靠的信息，传感器是获取自然和生产领域中信息的主要途径与手段。

传感器((英文：transducer/sensor))指的是能感受规定的被测量并按照一定的规律转换成可用信号的器件或装置，通常由敏感元件和转换元件组成，是一种检测装置，能感受到被测量的信息，并能将检测感受到的信息，按一定规律变换成为电信号或其他所需形式的信息输出，以满足信息的传输、处理、存储、显示、记录和控制等要求，它是实现自动检测和自动控制的首要环节。传感器是以一定的精度和规律把被测量转换为与之有确定关系的、便于应用的某种物理量的测量装置。

物联网之所以可以牵动各行各业的神经，就是人们正尽力把"传感器"嵌入到机器、家居、交通、医疗等各种设备中，甚至包括宇宙开发、海洋探测、文物保护今后都将遍布它的影子，从茫茫的太空，到浩瀚的海洋，人类触及的每一个角落都会安装传感器，因为它是实现自动检测和自动控制的首要环节。

由于部署了海量的传感器，每个传感器都是一个信息源，相当于一个触觉，不同类别的传感器所捕获的信息内容和信息格式不同，传感器获得的数据具有实时性，按一定的频率周期性采集环境信息，不断更新数据,通过互联网把这些大数据管理起来,再通过能力超级强大的中心计算机群,比如云计算,对其中的人、机器、设备进行实时管理。这就实现了人类与物理系统的整合,因此人类的生产方式和生活可以更加精细、准确和动态,达到万物合一的智能状态。

所以,传感器就是物联网的神经末梢,它不仅是人类感知外界的核心元件,也是万物互相感知的的核心元件,科技越发展,传感器的敏感度就越高。传感器的存在和发展,让物体有了触觉、味觉和嗅觉等感官,让物体慢慢变得活了起来。各类传感器的大规模部署和应用,覆盖范围包括智能工业、智能安保、智能家居、智能运输、智能医疗等等。这就相当于给世界布置了一套神经系统,有了这套神经系统,整个世界当然更有灵性。

在以往,人们依靠感觉器官从外界获取信息,然后再经过大脑进行分析。但是人们自身的感觉器官的功能是有限的,人们需要改造的对象越来越宏大、抽象。比如,我们宏观上要观察上千光年的茫茫宇宙,微观上要观察小到粒子世界,纵向上要观察长达数十万年的天体演化,短到一秒钟的瞬间反应等。此外,我们还需要开拓新能源、新材料、超高温、超低温、超高压、超高真空、超强磁场、超弱磁砀等等各种极端物品,而这些只依靠人的感官能力是远远不够的。

传感器是一种检测装置,它能感受到被测量的信息,并能将感受到的信息,按一定规律变换成为数据信息或其他形式输出给另外一方,从而使对方感知到相关信息。可以说,传感器的产生就是为了延伸人类的五官功能,所以传感器又被称之为"电五官"。

比如物联网传感器产品已率先在上海浦东国际机场防入侵系统中得到应用,系统铺设了3万多个传感节点,覆盖了地面、栅栏和低空探测，可以防止人员的翻越、偷渡、恐怖袭击等攻击性入侵。

我们都知道工业4.0是智能化生产，那么机器与机器之间，机器与产品之间就需要完成一种沟通，这也依靠传感器的作用。另外，每一个生产环节都要用各种传感器来监视和控制生产过程中的参数，使机器工作一直处于最佳状态，并使产品达到最好的质量。因此可以说，没有众多的优良的传感器，工业4.0也就失去了基础。

显然，要获取大量人类感官无法直接获取的信息，没有相适应的传感器是不可能的。许多基础科学研究的障碍，首先就在于对象信息的获取存在困难，而一些新机理和高灵敏度的检测传感器的出现，往往会导致该领域内的突破。一些传感器的发展，往往是一些边缘学科开发的先驱。

人类这种对"智慧"的渴望，带来了传感器研究的春天和市场的繁荣，全球对于传感器的需求呈现爆发性增长。我国传感器市场从2004年的154.3亿元人民币增长到2007年的307.8亿元，2013年的市场突破了1300亿元，2016年约合人民币1624.4亿元，2018年我国传感器需求量可达280亿只，销售额将破2000亿元，远超国内各行业平均增长率，其辐射和带动作用不可估量。

在长三角地区集中了全国半数传感器企业，中国传感器的蓬勃发展，给工业4.0打下了一定的基础。

传感器是物联网的先决条件，而"互联"仍是物联网的核心。物体的信息收集之后，必须实时准确地传递出去，而且这里的信息数量是极其庞大的，只有收集能力远远不够，必须具备高级的分析能力。所以，在传感器收集信息之后，再由云计算、模式识别等各种智能技术分析、加工和处理出有意义的数据，以适应不同用户的不同需求，再传输给其他物体，对物体实施智能控制。应该说，物联网的工作系统比互联网、移动互联网更复杂。因为物联网抵达的物体多样化，而且虚实结合，数据与物体互动、时而有形、时而无形。所以用厚德载物形容移动互联网很合适，因为它是依靠信息的力量去改变实物。

比如：当你开车回到家，车库门自动开启、客厅灯光和暖气自动打开、厨房里的烤箱也开始预热。因为汽车、电器和所有其他装置都有侦测器和网络联接，可自行思考和行动。以下是物联网让生活"更智能"的几个例子。

在农业方面，美国威斯康辛州的古巴城有一名农场主叫Matt Schweigert，他拥有7000英亩玉米地和大豆，他还有25辆拖拉机等生产工具，这些生产工具都是带有GPS的传感器的，它们可以帮助Matt Schweigert分辨种子密度、喷洒肥料数量，以及成熟日期和产量。而传感器获得了大量数据也并不需要Matt Schweigert和他的员工们去进行计算分析，一切只需要上传到云端进行分析。

医疗方面，在物联网的帮助下，供病人使用的健康监测和可穿戴设备变得十分流行，它们能够把病人的生命体征数据实时发给医护人员。这类联网设备包括血糖仪、体重秤、心率和超声波监测器。医院能够更快、更准确地收集、记录和分析数据，这有助于医护人员进行诊断和治疗，护理水平也必然会大大改善。此外，老年人也越来越关注可穿戴设备。因为在紧急情况下，他们只需要按下按钮，就能及时通知医护人员。

制造业方面，如今，全球工厂已有数十亿台无线设备和感应器联网。某面包公司King'sHawaiian现在生产的面包量是之前的两倍，因为该公司在新工厂中安装了11台联网机器，使得员工可以实时查看数据，再结合历史数据就可以监控生产，而且该系统与互联网相连，又实现了远程监管。

零售业方面，很多商品开始用射频识别标签，这种标签与条形码的原理类似，当然它们可用于无线环境中，实体店使用这种标签就能有效地追踪库存，并持续更新商品信息，销售助理也能够立刻给出建议，这让实体店在与网店的竞争中拥有了优势。

所谓"密度越来越大"，是指随着技术发展，生活中的技术产品会呈现密度更大、技术集成水平更高的趋势。在业内，在相同空间内甚至更小空间内载入更多技术和功能，已经成为竞争的关键之一。这意味着今后的硬件设备会越来越小，功能却会越来越强大。不仅手机、平板电脑会更加轻薄，就连电视机、显示器也会在挂载更多功能的同时薄如蝉翼。

在2015年的CES展台上，哪怕一个纽扣也能成为一个物联网中的数据记录仪，比如CES展上最新推出的ConnectedCycle，智能自行车踏板内置了GPS模块和运动传感器，用户通过手机应用即可追踪其所在的位置，同时还可以获得速度、行走距离、海拔等运动数据。

欧美日韩的企业都把目光聚焦到物联网市场，而且在2015年的CES上可以看到，很多科技巨头对待物联网的态度从"畅想"开始走向"落地"。

三星CEO BooKeunYoon在主题演讲中谈到了打造生态链的重要性。他还发布了两款最新的物联网传感器：一款是可以测出20多种气味的传感器；另一款是可以测出3D距离的传感器。这暗示着三星未来会推出更多革命性的产品，另外，三星已宣布在2020年之前把旗下的所有产品联网。

在CES主题演讲中，英特尔发布了一款为物联网可穿戴设备开发的新芯片。科再奇说，物联网和可穿戴设备的发展意味着2015年成为了"下一个消费技术浪潮的开端"。智能机器人将是未来物联网的核心元素，改变人类的生活。

苹果则充分利用智能手机的优势，开发数个杀手锏级别的应用，通过应用商店让用户不费力气地搜寻、购买和安装这些应用，并确保开发者可以切切实实地赚到钱。应用商店的横空出世，使智能手机从独立的产品演变成"大生态系统"的中心。此外，苹果还在悄然推进其HomeKit智能家居平台。

谷歌旗下的Nest公司已经推出了数个物联网设备，具有自学习能力的温控器和烟雾探测器，可以将信息随时随地发送到用户的手机上。

所以说，物联网其实是一个家庭的生态网络，它把家里面各种各样的电器设备——传感器、控制器全部联接在一起。所谓物联网就是物物相联的网络，智能家居其实是一个家庭物联网，但是我们可以把它简单地理解为从传感到传输到分析、学习，控制到传输到控制机构。举个例子就很容易理解，比如说我们的手碰到很烫的杯子，手是传感器，碰到杯子会把这个温度传给大脑，大脑根据过去的经验判断出这样的温度可能会对我们造成伤害，给出这样的结论，通过传输机构告知我们的手，让手离开这个杯子，这就会打破旧的平衡形成新的平衡。这里面离不开数据网络、大数据计算等。

云计算（英语：CloudComputing），是一种基于互联网的计算方式，通过这种方式，共享的软硬件资源和信息可以按需求提供给计算机和其他设备。云是网络、互联网的一种比喻说法。过去在图中往往用云来表示电信网，后来也用来表示互联网和底层基础设施的抽象。云计算是继20世纪80年代大型计算机到客户端-服务器的大转变之后的又一种巨变。用户不再需要了解"云"中基础设施的细节，不必具有相应的专业知识，也无需直接进行控制。云计算描述了一种基于互联网的新的IT服务增加、使用和交付模式，通常涉及通过互联网来提供动态易扩展而且经常是虚拟化的资源，它意味着计算能力也可作为一种商品通过互联网进行流通。

大数据时代的到来，是全球知名咨询公司麦肯锡最早提出的，麦肯锡称："数据，已经渗透到当今每一个行业和业务职能领域，成为重要的生产因素。人们对于海量数据的挖掘和运用，预示着新一波生产率增长和消费者盈余浪潮的到来。"

《互联网进化论》一书中提出"互联网的未来功能和结构将与人类大脑高度相似，也将具备互联网虚拟感觉、虚拟运动、虚拟中枢、虚拟记忆神经系统"，并绘制了一幅互联网虚拟大脑结构图。

根据这一观点，我们尝试分析目前互联网最流行的4个概念——大数据、云计算、物联网和移动互联网与传统互联网之间的关系。

物联网对应了互联网的感觉和运动神经系统。

云计算是互联网的核心硬件层和核心软件层的集合，也是互联网中枢神经系统萌芽。

大数据代表了互联网的信息层(数据海洋)，是互联网智慧和意识产生的基础。

包括物联网，传统互联网，移动互联网在源源不断地向互联网大数据层汇聚数据和接受数据。

作为数据存储巨头，大数据理念是，首先从"大"入手，"大"

肯定是指大型数据集，一般在10TB规模左右。很多用户把多个数据集放在一起，形成PB级的数据量。同时从数据源来谈，大数据是指这些数据来自多种数据源，以实时、迭代的方式来实现。

物联网所需要感受的物件对象范围非常之宽，物联网收集数据，我们刚刚说虚拟东西也是物联网对象，我们看很多东西都可以收集，如浏览器、搜索引擎、智能终端、游戏终端、GPS等，他们通过大家日常网络留下的痕迹和脚印获取大量的数据。

物联网产生大数据。物联网一分钟可以产生非常多的东西，苹果下载2万余次，一分钟会上传10万条新微博，全世界物联网上虚拟网络上，产生了大量的数据。

国外的这些公司数据量不一定有中国大，中国淘宝网在双十一一天创收10.5亿，新浪微博一晚上就有100万以上的响应请求。中国联通也进行大数据搜集，他们以前给用户每一个月发一个账单，很多用户认为我没有上这么多，中国联通改制就详细记录客户的上网记录一秒钟83万条。

虚拟运行管理产生的数据量更大，企业资源管理、客户关系管理等也是大数据，企业本身也是每时每刻产生大量数据。IDC公司指出，在2005年由机器产生的数据占到数据总量的11%，到2020将增加到42%。比如说医疗，现在到医院看病都要CT，清晰度很高300多兆，一个病人CT影像往往多达2000幅，数据量已经到了几十个GB。如今中国大城市的医院每天门诊上万人，全国每年住院已经达到了两亿人次，按照医疗行业的相关规定，一个患者的数据通常需要保留50年以上。

物联网产生的大数据与一般的大数据有不同的特点。物联网的数据是异构的、多样性的、非结构和有噪声的，更大的不同是它的高增长率。物联网的数据有明显的颗粒性，其数据通常带有时间、位置、环境和行为等信息。物联网数据可以说也是社交数据，但不是人与人的交往信息，而是物与物、物与人的社会合作信息。

物联网的混搭将使物联网的数据变得更有用，将物联网感知的数据与通过社会媒体获得的数据结合，也就是人跟机器的社会联网，将使决策更科学。

最后，人数据助力物联网，不仅仅是收集传感性的数据，实物跟虚拟物要结合起来。今天北京交通堵塞，但是并不知道堵塞原因，如果政府发布消息和市民微博发布消息结合起来就知道发生了什么事，物联网要过滤，过滤要有一定模式。

决策的时候还要考虑发布什么东西，会带来什么影响，最近有地震，它能预测60%地震，总有一天会说准。

物联网数据挖掘涉及到数据存储，从实物虚拟物获取存储，然后进行一些虚拟化和找出数据摘要，是要加标签的。

数据挖掘模式，合并压缩、清洗过滤、格式转换、法阶段数据分析、知识发现、可视化、数据阶段、关联规则、分类、聚类、序列、路径，因此后面工作更大更重要而且更难。

对于大家关注的PM2.5，以及云南西北边、四川西南边干旱容易发生火灾，利用雷达、飞机可以搜集数据，然后进行分析，最后产生判断。

在水面取样，通过卫星发出去，利用云计算、中心数据挖掘，河流的数字化模式，我们可以发现有的地方有环境污染，所污染本身需要异源数据，除了传感器、物联网数据有噪声的不干净外，还需要多种数据的结合以及历史数据的挖掘，然后进行分析预感、预警，所以数据后面去处理。食品现在也是大家所关注的，手机拍下来食品到后台去查，是哪个公司的食品，在什么地方生产，食品生产日期等等，包括食品安全不安全，营养成分怎么样，食品监控，运用后台数据等等。

智能交通虚拟化和可视化。交通管理中心再大，也装不下所有的视频，因此10秒钟，这样看上去每时每刻只有能够监控很小一部分内容，通过软件把整条路上变成一个视频，再进一步把所有马路都通过大数据软件后台分析组成图象，这些都是后台数据分析。

大数据在社会管理上有很好的作用。美国纽约的警察通过分析交通用度与犯罪发生地点的关系，而有效地改进治安。北京交通一卡通每天产生4000万条刷卡记录，地铁每天1000万人次，分析这些数据可改善城市交通状况。新加坡的公共交通部门十年来已经使用个人位置数据做交通需求的预测。荷兰的交通部门利用移动电话的定位功能预测汽车和行人的拥堵状况。

最后讲M2M的总量，全世界的M2M到2016年已有100亿，2020年将有180亿，预测2020年将有500亿联接，主要是在消费电子和智能建筑两个领域，将占70%。

2016年M2M全市场为3500亿美元，2022年12000亿美元，三分之二收入来自设备与安装，三分之一来自服务，2020年最大的M2M市场在中国和美国，分别占20%和19%。

经济学人预测物联网所带来的产业价值将比互联网大30倍,物联网将成为下一个万亿元级别的信息产业业务。

突然袭来的物联网 第一章

物联网来自于互联网

大道至简,无论是互联网还是物联网,虽然发展过程很复杂,但是它们的系统越完善整体就越"简单"。因为过程变成了一个瞬间,而规则会变得越来越清晰。

人类进入信息技术应用的新时代,无处不在的互联网是这个时代的全新特征。从互联网走进百姓的生活——人们开始在网上获得时事资讯、社交资源、购物信息,到被广泛地应用到与其相关的行业,再到对零售、金融、教育、医疗、汽车、农业、化工、环保、能源等行业产生深刻影响,可以说,互联网为我们提供了更自由的生活、无处不在的便利。

20年前,中国通过一条64K的国际专线全功能接入国际互联网,进入互联网时代。从此,一个由计算机、软件、物流、网络共同交织、构建的全新世界正在成为人类技术发展的方向,它将人与人、人与物、物与物连缀在同一个网络,或互相能够访问的不同网络里,相互关联。今天,互联网普及率达到48.8%,在消费、娱乐、智慧城市、教育、金融、医疗等方方面面,互联网已融入我们生活,改变了我们的生活方式、消费观念甚至思维模式。

百度掌门人李彦宏曾说，中国的互联网正在加速淘汰传统产业，这是一个很可怕的趋势，但如果用一种开放的心态去接纳互联网，那么它一点都不可怕。近年来，以互联网为载体，以移动通信、云计算、大数据、物联网等新技术为基础，互联网已经明显地带动了部分传统产业的升级。

在传统制造业领域，生产方式相对封闭，生产厂家与消费者之间的联系几乎是断裂的，没有个性化产品也没有用户体验的概念，因为生产者无法与众多消费者实现无缝联接，很多生产者都是处于闭门造车的状态，而互联网的出现彻底瓦解了这一状态，消费者可以参与到生产的各个环节，相当于同生产者共同生产出他们想要的产品。在产品的销售环节，互联网时代的消费者无须通过传统厂商购买厂家的产品，而是通过网络和物流配送等环节购买产品，同时厂家也成为网络电商，消除了消费者与厂家之间的屏障。

在传媒行业中，过去的传媒业一直处于垄断状态，话语的主导权始终掌握在媒体手中，大众的言论没有发表的渠道。当互联网同传统媒体整合后，出现了自媒体及小微媒体，人们不再完全依赖媒体获得内容，话语权力回归到每一个有话语权的言说者身上，消除了读者和作者之间的屏障。

在传统教育行业中，教育是一种"拜师学艺"的模式演变，但是随着信息技术的发展，特别是互联网技术的发展，信息传播的成本降低，近几年在线教育受到了前所未有的关注，各种在线教育的模式和创业型公司也方兴未艾，加之如今视频分享网站的盛行，让大众可以随时随地满足自己学习的愿望。教育行业的互联网化的最大优势是：打破了时间与空间的局限，学生可以根据自己的情况，在任意时间任意地点进行学习，方便自主，同时可以充分利用资源优势，将全国的教育资源进行整合，降低资源的成本，让随时随地学习成为可能。

在传统金融领域，任何人都可以享受到金融服务是一种很荒诞的想法，而余额宝的出现狠狠地给了传统金融行业一记耳光。马云曾经说过，如果银行不改变，那么我们就改变银行！互联网使这种想法成为可能，一元钱也可以理财在互联网时代绝对不是说说而已。互联网和金融的结合让传统金融业不得不放下身段，纷纷改革。对于老百姓而言，投资理财等过去被认为是"高大上"的事情如今就像网购一样平常。

所以说，互联网自出现以来就潜移默化地改变着许多行业。互联网最有价值之处不在于自己生产很多新东西，而是对已有行业的潜力的再次挖掘，用互联网的思维去重新提升传统行业，大大降低了产业的门槛，使传统行业的生产和创造得到了前所未有的提升。

同时，互联网改变了传统产业的营销模式，实现了渠道的最扁平化。对于任何传统制造业而言，渠道扁平化都是其尽力追求的目标，无论从利润空间的扩大还是成本竞争力的提升来看均是如此。提供商可以跨越中间渠道，通过网络传播平台，如电子商务、推送服务等方式，将丰富多样的产品提供给客户，对传统行业的升级换代将起到重要作用。

互联网的应用打破了信息不对称性格局，竭尽所能透明一切信息。对于传统行业而言，学习互联网思维不仅是为了迎合某一消费群体，或者把握消费习惯的变化，还应该使之成为促使自身变强的利器。

未来的世界里，每一件物体都有传感器，都有一个单独的IP，一切物体都可控、交流、定位，可协同工作。就在此理论上，我们提出了智能交通、智慧城市、智能家居、智能消防等多个领域的概念，都是以物联网作为基础。

比如说你开着智能汽车，当前面有障碍物而你没有发现时，汽车就会自动提醒你，因为障碍物上面有传感器，当汽车距离障碍物到一定距离时，障碍物就会提醒汽车发出警示。于是我们可以想象一下，未来世界上的每一件物体都有传感器，就可以互相识别和协作，那么整个社会的秩序就不再单纯以人的意志为转移，而是会遵守各种客观的秩序。当然这种秩序和规则也是人制定的，但是这其中某些个人的干扰会越来越少，也就是说整个社会将更加规则，因此意料之外的事会越来越少。在未来，只要是情理之中，就会在意料之中！

因此，物联网不仅将整个世界组建了一个社会性的"大生态系统"，而且这个系统的规则会更加清晰明了，所谓的"主观"情况干扰会越来越少。我们知道跟"人"打交道是一件最复杂的事情，因为人的七情六欲会时刻影响一个人的行为，"人性"在很多时候往往是一种阻碍。但是在未来，人和物、物和物之间的主要沟通将依靠数据，这是一种很客观的东西，它将会遵守我们已经制定好的规则，这也会帮人类省去不少烦恼，人们会感觉越来越轻便、轻松。

谷歌执行董事长预计互联网将消失。"我可以非常直接地说，互联网将消失。未来将有数量巨大的IP地址、传感器、可穿戴设备以及你感觉不到却与之互动的东西，无时无刻伴随你。设想下你走入房间，房间会随之变化，有了你的允许和所有这些东西，你将与房间里发生的一切进行互动。世界将变得非常个性化、非常互动化和非常、非常有趣。"

也许正如ARM创始人兼CTOMikeMuller所说："互联网提供了一种简洁之美：您可通过同一个网络浏览器找到并控制您的灯泡，而不必知道或在意正在使用的是WiFi还是3G。"物联网也需要这种简洁的力量，简洁到你感觉不到它的存在。

物联网来自于互联网，但是超脱于互联网，这也就是一种大网无网的状态！

但是，值得一提的是：互联网这一具有强大生命的事物，其发展影响了整个世界。互联网以及物联网对每个行业都有或大或小的影响，并带来相应的改变，这种改变我们几乎每天都能体验得到。正因为如此，"物联网"才应运而生，物联网在互联网的基础上出现，是为了以技术手段以及科技理念提高各个行业的效率，服务实体经济。物联网成为互联网发展的新形态、新业态，是在创新推动下的互联网形态演进。

以一支铅笔为例，铅笔是由木材、石墨、油漆等构成的，它们都是真实存在的"物质"；同时，这支笔的颜色、重量、长度等属性组成这支铅笔的基本信息；铅笔上的商标图案、铅笔的用途等就是我们对基本信息处理之后，再加上我们自身拥有的知识而形成的新的较为复杂的信息。

同样的道理，人的身体是由水、蛋白质、糖类等物质构成的，人的身高、体重、音色等就是构成人的基本信息，而人的外貌、气质、谈吐等则是我们通过分析这些信息而得出的新的信息。

换作机器也一样，机器本身由金属、塑料等物质构成；机器的重量、颜色、高度等就是基本信息。对机器而言，其产能、产出的产品等复杂的信息是人预先设定好的。

众所周知，物质是客观存在的，看得见摸得着。而信息是人为定义的，是可传送和处理的，但是无法触摸。了解这两个概念后，下面我们来谈谈什么是"联"。

例如，我们通过眼睛感受外界信息，大脑则通过对眼睛所收集到的信息进行分析，从而可以知道铅笔的长短、颜色等属性，进而可以分析得出"这是一只××牌的快用完的铅笔，我只能用它写几行字了，以后还是用自动铅笔好了"这样复杂并有意义的信息。在这里，"看"这个动作就是从"物质"中提取"信息"的过程，就是一种"联"，而从"看"到"想"这个过程也是一种"联"。

我们可以看到，大脑在这个过程中扮演的就是一个"网"的角色，这就是"物质""联接""网络"的过程。当然，上面只是一个简单的例子，并不代表物联网的模型，但对我们的读者理解物联网的概念应该会有所帮助。

物联网是比移动互联网更加复杂的生态系统

应该说,物联网是一个比移动互联网更加复杂的生态系统。

人类的技术进步,已经呈现出越来越快的加速度。因此,转折点的出现频率也在变快,从几亿年一次,到几百万年一次,再到几千年一次,最终将会缩短到几十年甚至几年一次。

随便举几个我现在能想到的转折点的例子,方便大家理解。

(1)农耕的出现是一个转折点,人类开始过定居生活,村落出现,剩余产品出现,货币出现,人类开始分成不同的阶层,国家出现,奴隶制、封建制相继出现。

(2)法国大革命是一个转折点,它标志着资产阶级走上历史舞台,资本主义制度取代封建制度,人类社会进入一个从未有过的高速发展阶段。

(3)十一届三中全会是一个转折点,中国实行改革开放,经济进入发展快车道。

除了这些重大的历史转折点以外,在各个具体的行业当中也存在着转折点。

(1)互联网的出现,第一次把世界联接起来,信息实现了跨时间、跨地域的自由流通，为全球化提供了可能性（此前沃尔玛通过自己发射卫星来解决信息联接的问题）。

（2）集装箱运输的出现，让世界在实体层面实现了联接，这是全球化的另一个基础，如果没有集装箱运输，产业转移、跨国的分工协作根本无法想象。

（3）iPhone的出现，开辟了移动互联网行业，让电子设备从人的延伸，变成人身体的一部分，从而为未来人类社会的全面数字化奠定了基础。

当我们有了转折点这个概念以后，很多事情似乎就变得容易理解了。柯达为什么会破产？因为它遭遇了数码摄影这个转折点。诺基亚、黑莓为什么会走上下坡路？因为它遭遇了智能机这个转折点。雅虎为什么这么惨？因为它遭遇了搜索的转折点。

当平板电脑引领西方世界发达国家的同时，移动也同时在发展中国家的通信和互联网革命中扮演着中流砥柱的作用。在印度、中国、东南亚、俄罗斯、拉丁美洲和非洲这些人口众多的国家和地区，越来越以移动通信为导向。

在大多很荒凉的偏远地区建设固定电话网络的成本，即使是那些国有电信公司，也是无法承担的。

移动，由于是通信塔之间的联接，可以使用无线来服务广大地区，虽然建设遍及全国的网络仍然成本不菲，但已经比固定通信网络要好多了。而且，西方国家移动电话的拥有量使得手机的单价足够低，即使是穷人也可以负担。这两个因素促使移动在发展中国家大受欢迎——哪里有兴旺的消费者市场，哪里就会有移动电子商务高速发展的机会。

突然袭来的物联网

互联网也面临着类似的争论。许多发展中国家直接跳过了固网互联网，从一无所有直接来到了移动互联网时代。这些移动网络都是相对近期建设的，经常是由西方的电信公司承建，而这些公司已经证明了移动互联网的未来。所以我们看见了移动互联网使用的汹涌增长，特别是印度和中国发展迅速，因为那里有新兴的中产阶级，在移动网络应用及其带来的商业机会上，发展也十分迅速。

根据移动平方公司（Mobile Squared）的统计，单单印度一个国家就有5亿移动用户，使用移动互联网的人数已经超过2.6亿。而相对于中国来讲，这个数字就是小巫见大巫了。在中国有8亿多移动互联网用户，占整个亚洲的58%。

在非洲，90%的电话都是手机。由于有不错的预付费手机业务，大约有5亿人（大概是非洲大陆人口的一半）拥有手机。非洲不像印度和中国市场那么发达，中产阶级规模不大，然而非洲依旧提供一个不同的但很诱人的移动电子商务环境。

在肯尼亚，手机用户已经接受移动支付，他们使用沃达丰子公司Safaricom的M-Pesa（M代表移动，Pesa是斯瓦西里语中"钱"的意思）移动支付系统。在移动电子商务并不普遍的情况下，M-Pesa很有趣，它揭示了几年前一个不发达的市场，是如何被移动改变了现状。在许多情况下，人们使用手机购物，就是移动电子商务的先驱。

M-Pesa是一个低成本的支付服务，允许任何一个有手机的人（即使没有银行账户）将钱存入手机账户，在消费端进行转账或取现。这项2007年在肯尼亚上线的服务，发展得越来越强大，现在已经有几百万的用户，肯尼亚人已经不使用银行，只使用手机来转账或进行支付。

纵观这些发展中国家的市场，移动电子商务受制于低端的GSM手机。但是像我之前提到的那样，诺基亚和微软之间的联合促使智能手机的大幅增长，从而带动移动互联网和移动电子商务在这些市场的发展。

与目前手机是所有个人设备的中心不同，物联网的终端设备将会变得异常多样化，可能会达到数百万种：能够进行物物之间的智能对话未来将成为任何产品的标配。

例如，进入移动互联网时代后，汽车已经不是简单的代步工具，汽车变得更加智能，毫不夸张地说，智能汽车就是一部超大号的手机！

而这部超大号手机不仅将改变你的出行方式，还将改变你生活的方方面面！

2007年乔布斯发布第一代iPhone，这个不起眼的家伙，短短几年摧枯拉朽，结束了功能机统治的时代。手机和当下生活密不可分，渐成人体延伸器官。而汽车就像人类的双腿，带人类去更遥远的地方，而2017年这双腿将变得更加智能！

手机、平板、电视这三块屏幕占据了现代人生活几乎所有的时间。而汽车这个影响人类进程的家伙，也加入了移动互联网这场华丽的选秀。汽车屏将成为影响人类的第四块大屏，而且它天生在移动，并移动得更快。

如果说手机、平板是人类赋予了它移动的能力，那么汽车是赋予人类更好移动的发明。

这个发明将不会从这个时代中褪去光环，而是搭载人类更好地前行！

这将是个更加不可思议的时代，我们称它为车联网时代……

先进的厂商将加快这种进程。

2014年6月28日，据国外科技媒体报道，奥迪与苹果进行了深入的沟通，已把苹果CarPlay车载系统整合到新车型中。

奥迪公司已经着手将车载系统的娱乐功能与汽车分离，在陆续发布的新车型中整合进苹果CarPlay和谷歌Android Auto车载系统，车主可以二选一。

"永远在线"将贯穿移动互联网整个生命周期。

在这一点上，先进的厂商已经和谷歌、苹果等密切合作。未来，车主同样可以借助车载系统使用智能机上的功能。

智能手机、平板逐渐饱和，智能穿戴之外，汽车是最大的智能硬件市场。

随着手机、平板、电视、穿戴等智能硬件市场的饱和，汽车正逐渐成为科技巨头寻求实现生态系统差异化的重要领域。

而这个空白领域，汽车、软件公司是主流参与者，却不是唯一。

纯正智能汽车硬件制造商将作为全新的玩家参与其中，特斯拉就是一个特别的例子。

软件厂商将有机会参与其中，并且制定标准。当然苹果、谷歌这类公司有先发优势。

苹果在2013年的全球开发者上发布了车载系统CarPlay，合作伙伴包括了法拉利、起亚等汽车公司。

统计数据显示，到2016年10月，中国汽车总量超过2.5亿部，汽车将成为一个全新的移动热点。从短期来看，联网汽车将能够提升车内的体验，包括车载信息娱乐系统、无线音效、实时导航、安全方面的功能。而在未来，汽车能与周围的环境产生交流，比如车与车之间的交流；车与基础设施之间的交流，比如与信号灯，可以知道哪段路车比较多，何时该停车等；更重要的是车辆与周围行人的移动终端之间的交互，这样可以有效减少交通事故的发生。

有一个令人兴奋的赛事，是Formula E电动方程式，这项赛事全部采用纯电力的赛车。电动汽车代表着未来的趋势。2014年9月，Formula E的首站比赛在北京鸟巢周围的街道上举行，这是不折不扣的纯电动汽车，非常环保，同时也展示了丰富的移动技术。

这款形似Formula 1赛车的Formula E赛车，为雷诺的纯电动车型，0-100加速为2.9秒，采用了高通的感应式无线充电技术。现在主流的电动汽车，必须要通过一根电线将汽车与街边汽车充电站或家庭插头相连才可以实现充电。而感应式电能传输技术则是利用感应电荷的原理，电源板埋藏于道路的沥青之下，这样电源板既可以得到有效保护，又不会受到恶劣天气的影响。充电系统支持更大的横向感应范围，这也就意味着汽车的电能接收垫并不需要置于电源传输板的绝对正上方。

在2014年的日内瓦汽车展上，法拉利、沃尔沃、奔驰展示的车型是2014年首批采用CarPlay的汽车。

谷歌则在2014年年初与奥迪、通用汽车、现代建立了开放汽车联盟，并在开发者大会Google I/O上展示了首版Android Auto系统。

中国行业研究网汽车研究报告显示，中国目前豪车数量仅次于美国，位居世界第二。有数据显示，截至2016年年底，售价超过30万元的豪华汽车在中国的销售量已经达到150万辆，仅次于美国，位居世界第二。不久，中国即可超过美国，跃居世界最大高档汽车市场。

豪车市场将是智能化汽车的首批进入者，而这个市场即将切入智能汽车轨道。这一趋势对软件、硬件、系统等生态链上的供应商来说，将是巨大的机遇与挑战。汽车公司、科技公司、软件公司或是纯智能汽车的新生公司，都有可能实现横向扩张，抢占先机！

剩下的只有一个问题：谁将主宰下一个车联网时代？

在201违年的CES展台上看到，哪怕是一辆自行车或者一个纽扣也能成为一个物联网中的数据记录仪，比如CES展上最新推出的ConnectedCycle，智能自行车踏板内置了GPS模块和运动传感器，用户通过手机应用即可追踪其所在的位置，同时还可以获得速度、行走距离、海拔等运动数据。

埃森哲通讯、媒体及技术业务董事总经理JohnCurran认为，随着传统厂商和科技公司在消费者需求方面的态度日趋一致，更多的传统消费产品将增添物联网功能，例如临床医疗、家庭安保和自动化，甚至是消费类无人机。

物联网的智能产品

当科技界对"物联网"的兴趣越来越高时,普通民众似乎还未感受到它。为何两者对"物联网"的激情差异如此明显呢?这就是全球知名营销技术公司Affinnova对4000名消费者进行调研想要找出的答案。

首先,值得注意的是,当人们对科技产生极大信心的同时,即使早期智能技术和产品的试用者都对能从智能产品身上获取什么样的便利感到茫然。参加Affinnova调研的57%消费者认为,"物联网"只是一场"智能手机革命",但他们无法解释原因或这场革命以何种方式进行。此外,92%的受访者称,他们不知道从智能产品身上能获得什么,但他们知道何时能够看到智能产品出现。

鉴于这种盲目,对近4000名消费者不同的智能产品理念进行研究,并给与他们机会选择自己感兴趣的智能产品实际功能。什么原因能支撑消费者从"潜水"状态进入"物联网"这一快速发展的市场呢?通过更深入地挖掘400万种智能产品方案,我们了解了一些消费者最期待的"物联网"产品,以及对智能产品的担忧。

物联网的下一步会如何发展?它会变成什么样子?先让我们用数据

来说话。根据Gartner的统计报告显示，相比较于2015年，2016年物联网相关产品和服务的市场总额已达到2350亿美元，全球物联网设备的总数为64亿台，比上年增加30%，而这个数字到2020年将会增长到208亿台。

如果从数字上你看不出什么，那么我们可以看到一些目前已经发生或将要发生的技术趋势或变化，而在接下来的一年里，物联网会发展成什么样，没人会给出定论。

蓝牙更智能、更快速

物联网设备，比如智能家居围绕着Wi-Fi和蓝牙之间如何通信是下一个战场，而在2017年，蓝牙相信会比Wi-Fi变得更加主流，同时传输速度更快、网络覆盖范围更广。智能蓝牙技术的有效范围将增加4倍，同时速度也增加1倍，可以带来更快的数据传输。

更让人高兴的是，蓝牙将会把所有智能家居设备联接到一起，覆盖到整个建筑或家庭之内，同时包括工业自动化、基于位置的服务和智能技术设施也会更多地使用蓝牙技术。

联网办公

自动化工厂或生产工艺使用到物联网技术已经不新鲜，而在办公室里呢？现在智能手机、可穿戴设备越来越流行，而物联网成为办公生态系统的桥梁已经成为了时间问题。

通过对地理位置和应用程序收集的交通状况可以让你在开车的路上就能"看到"办公室同事们发生了什么事情，甚至在无需面对面的情况下开会都不是不可能的事情。

信号传播

在许多小型零售店或大商场里，都有通过安装的小型低功耗蓝牙信号作为商家的推广手段，可以有针对性地向逛街的智能手机用户推送广告。"Beacons技术可以让用户在正确的位置打开正确的应用。"Mubaloo创新实验室负责人Mike Crooks表示："通过应用程序右边的弹出页面可以发送特殊的促销信息或特价商品。"

苹果的iBeacon技术专为iOS设备开发，而谷歌的新Eddystone则让更多的开发人员使用相同的SDK，在Disqovr等平台上使用beacons技术。

传感器成为核心

其实，物联网的核心就是各种传感器，很大程度上，它们是我们解决问题的最终手段。如果只是谈论目标缺少实际的意义，而传感器就像是物联网这棵大树的根部，向各个枝干传递数据作为养分，这才叫物联网。

健康领域

可穿戴设备是医院融合进物联网平台的重要终端，可以让患者在家中也能够随时向医生"通报病情"。甚至将传感器植入到患者体内也不是不可能，但是电池就成为了需要解决的问题。现在，各种"无电池"技术，包括生物能源供电、无线电波、震动和热量供电都被使用到植入式医用传感器中，而通过蓝牙或NFC可以让这些传感器终端通讯数据。

这样的技术可以被使用在心脏起搏器甚至是药物输送装置中，而机构统计到2020年消费类医疗保健传感器的市场规模将达到474亿美元。

虽然机构预测到2018年会有数十亿的物联网设备，但是未来也有发生变数的可能。虽然网络越来越廉价让多对一模式发生了变化，而如果变成"多对多"的状况，谁来买单就成为了一个问题。许多供应商会让整个市场的技术和标准变得更加复杂，因此也许物联网市场会继续增长，但增长缓慢。

过于乐观的前景会让厂商更多地关注服务平台等长期价值项目，而忽略硬件产品的销售，比如Nest现在就已经不仅仅是一款智能恒温器，它已经开始向智能家居控制中枢过渡。

在接下来的12个月里，数据通讯将与电力成为同样重要的事情，物联网厂商将把重点从产品转移到服务上，通过数据来满足客户的需求。

平台战争

构建物联网是需要传感器来联接手机数据，然后通过无线技术用最节省成本的方式传输到云端。而除此之外，还有另外一个领域，那就是平台之争也非常激烈。目前，从苹果HomeKit、谷歌Brillo和英特尔IoTivity到高通的AllJoyn、UPnP Forum和ARM等等。

数据集中化

家中的物联网设备越来越多，而如何随时随地接收到来自全球29000个气象站的天气数据，也成为了可能的事情。像Netatmo这样的气象站产品，可以随时接受数百万的数据信息，同时将所有数据集中化进行处理。

CIO

虽然首席物联网官CIO这个头衔听起来有些玩笑，但是在2018年也可能变成现实。

每个科技公司都有各个领域的负责人，包括销售、研发等环节都不是互相独立的环节，都需要自动化软件和联网设备的支持。如果增加CIO这个头衔,绝对会让物联网在整个公司的布局上变得更加合理。

可定制睡眠

现在已经有超过9000个App或设备可以帮助你监控睡眠质量,甚至在最合适的时间自动帮你开灯。就算打个小盹,聪明的物联网设备也能帮你拉上窗帘,为你营造一个最适合休息的环境。

在2016年,我们已经看到三星的SleepSense首次亮相,同时包括新的Juvo睡眠监测床垫可以调整我们的整个睡眠环境,包括温度、光线、颜色甚至是声音。而IFTT平台,让这一切成为可能。

综合上述分析,我们可以这样说,2015年概念火爆的智能穿戴设备在某种程度上已经开始充当"私人医生"的角色。诸如Fitbit、Misfit以及英特尔的Basis,都能通过可穿戴产生的数据,进而为用户提出针对性的建议,帮助他们改善身体以及健康安全等问题。同时,由于2015年出现的重大安全事故提高了普通人保护数据的意识,2016年的CES上还专门开辟了"个人隐私和网络安全"专区。

另外一个"爆红"的物联网设备则是无人机。

高通研究院在CES上推出了一款飞行机器人"Snapdragon Cargo"。该机器人集成的飞行控制器搭载的是高通骁龙处理器,可实现飞行和旋转,其内部是一个多功能计算平台。

英特尔首席执行官科再奇则向外界展示了一款叫做Nixie的产品。这款可穿戴四旋翼无人机看起来很酷,是世界上第一款可穿戴无人机,Nixie折叠后变成了腕带被戴在手腕上,展开后又变成一架四旋翼无人机,在现场的大笼子内飞行、拍摄照片或视频,它被称为"可以航拍的自拍神器"。

我们已经知道,14家无人机厂商里有一半是中国制造,来自深圳

突然袭来的物联网

大疆的无人机系列在2014年美国CES展上就引发了追捧，这家深圳无人机企业占据了全球民用小型无人机市场约70%的份额。

所以说，物联网时代的智能汽车是更大号的智能手机，且具备天生的超强移动性，在这样一个神奇的封闭空间，通过4G网络的联接，用户可以完成很多事情。而在路上是未来生活的主要节奏，在这样的背景下，车联网的未来将挖掘出无比巨大的潜力……

但是，在认识到物联网的发展时，我们也要认识到以下几点。

1. 当心机器翻身变主人

使用智能设备让生活变得更加自动化，这听起来就像梦想成真一样令人激动。但是许多人担心这些产品可能不太靠谱，特别是帮助主人做出决定时。人们担心智能产品可能按照自己的意愿行动，而人类可能无法自主，例如这些设备实际上可能自动购买产品（像下订单）等。

2. 我们将迎来2018还是1984？

人们的担心还不限于此。随着主流科技趋势的发展，相比于"物联网"带来的其他潜在危险，许多消费者称他们更担心隐私与安全问题。调查显示，53%受访者对他们的数据安全感到担忧，这些数据可能在他们不知情的情况下被共享。51%的人担心他们的数据可能被其他用户劫持。有意思的是，女性比男性更加担忧隐私和安全问题。

3. 智能设备应该多学习

智能技术实际上已经属于科技前沿，但许多消费者并未对其某些特定方面留下深刻印象。比如，基本的个性化功能几乎没什么新进展，像基于当前产品兴趣进行产品推荐等。那么什么才能给消费者留下深刻印象呢？技术利用个人数据和其他联网设备（比如可通过提供越来越多定制饮食和健身计划的智能健康产品）的数据了解用户过去的行为习惯等。

4.遥控电器或物品

智能产品已经令人感到惊讶，但能够遥控访问或控制物品是它们最令人渴望的功能。对于许多人来说，远程操控电器或完成家务的能力是平息焦虑的最佳方式，你可以验证家门是否锁上、卷发器和微波炉是否关掉、车库门是否关上等。在大多数消费者的愿望清单中，保持心境平和排名总是很高。

5.忘掉婴儿尿布联网

当涉及选择具体智能物品时，消费者最渴望获得的物品就是冰箱、电灯以及自动喷水灭火系统等。现在，需求主要体现在能够联网的耐用物品上。没人渴望获得婴儿尿布、牙刷以及酒瓶等可以联网。

Affinnova调研显示，"物联网"需要更多展现未来雄心来争取消费者支持，至少近期如此。普通民众希望智能技术能够解决由来已久的挑战，包括存钱等。智能产品制造商也需要抵消围绕智能产品产生的风险，坚持提供更智能化、更廉价以及更安全的产品。直到那之前，我们大多数人恐怕还无法从冰箱中接收文件。

物联网的未来

物联网标准体系是一个渐进发展成熟的过程，将呈现从成熟应用方案提炼形成行业标准，以行业标准带动关键技术标准，逐步演进形成标准体系的趋势。

物联网概念涵盖众多技术、众多行业、众多领域，试图制定一套普适性的统一标准几乎是不可能的。物联网产业的标准将是一个涵盖面很广的标准体系，将随着市场的逐渐发展而发展和成熟。在物联网产业发展过程中，单一技术的先进性并不一定保证其标准一定具有活力和生命力，标准的开放性和所面对的市场的大小是其持续下去的关键和核心问题。随着物联网应用的逐步扩展和市场的成熟，哪一个应用占有的市场份额更大，该应用所衍生出来的相关标准将更有可能成为被广泛接受的事实标准。

中国物联网产业的发展是以应用为先导，存在着从公共管理和服务市场，到企业、行业应用市场，再到个人家庭市场逐步发展成熟的细分市场递进趋势。

目前，物联网产业在中国还是处于前期的概念导入期和产业链逐步形成阶段，没有成熟的技术标准和完善的技术体系，整体产业处于酝酿阶段。此前，RFID市场一直期望在物流零售等领域取得突破，但是由于涉及的产业链过长，产业组织过于复杂，交易成本过高，产业规模有限，成本难于降低等问题，使得整体市场成长较为缓慢。

物联网概念提出以后面向具有迫切需求的公共管理和服务领域，以政府应用示范项目带动物联网市场的启动将是必要之举。进而随着公共管理和服务市场应用解决方案的不断成熟、企业集聚、技术的不断整合和提升逐步形成比较完整的物联网产业链，从而将可以带动各行业大型企业的应用市场。待各个行业的应用逐渐成熟后，带动各项服务的完善、流程的改进，个人应用市场才会随之发展起来。

随着行业应用的逐渐成熟，新的通用性强的物联网技术平台将出现。

物联网的创新是应用集成性的创新，一个单独的企业是无法完全独立完成一个完整的解决方案的，一个技术成熟、服务完善、产品类型众多、应用界面友好的应用，将是由设备提供商、技术方案商、运营商、服务商协同合作的结果。随着产业的成熟，支持不同设备接口、不同互联协议、可集成多种服务的共性技术平台将是物联网产业发展成熟的结果。

物联网时代，移动设备、嵌入式设备、互联网服务平台将成为主流。随着行业应用的逐渐成熟，将会有大的公共平台、共性技术平台出现。无论终端生产商、网络运营商、软件制造商、系统集成商、应用服务商，都需要在新的一轮竞争中寻找各自的重新定位。

随着物联网市场的不断发展，2016年的物联网市场竞争也已变得更加激烈。那么，2017年的物联网市场有哪些趋势呢？

1. 将创纪录的并购案例

2016年在物联网领域出现了近百个并购案例，创下了记录。在2018年，这一数字将会被刷新。InfoBright的CEO Don Deloach说："越来越多的大公司开始公开宣布将在物联网领域进行收购。"

Covisint的CMO Aaron Aubrecht认为，随着更多的物联网市场的发展，对于那些大公司来说，已经需要认真考虑在物联网市场占有一席之地了。他们开始考虑在他们的现有产品系列中增加物联网相关的技术，比如数据分析、安全以及通讯平台等。Aaron Aubrecht说："随着物联网的发展，那些大公司需要在物联网的各个垂直领域占据位置。可以预见的是，这个领域的并购将会更多。"

2. 物联网领域的竞争者增多

在2016年，越来越多的公司宣布进入物联网领域。比如说玩具业巨头Mattel已宣布它的芭比娃娃和玩具飞机将会增加联网功能。而Mozilla和Visa则也宣布将进入物联网领域。几乎每个星期你都会看到某些公司宣布进入物联网领域的新闻。

3. 物联网领域的公司合作将增多

物联网是一个复杂的系统，在物联网系统的开发中，经常需要不同的公司进行协作。Paricle公司的CEO Zach Supalla说："开发物联网项目是一个巨大的工程，需要不同公司之间的合作。任何公司想单独开发一套综合的物联网系统都是非常困难的。"事实上，2016年，很多的公司都在物联网领域宣布开始与更多的供应商的合作，这其中包括戴尔，德州仪器和英特尔。

4. 公司对物联网的投入增加

老牌的IT公司如IBM和英特尔都对物联网领域投入巨资，试图弥补他们在传统IT领域业绩下滑的影响。比如英特尔已宣布了1.2万人的裁员计划，省出的资金将用于投资于物联网和数据中心的业务。

5. 安全依然是一个大问题

"物联网领域的安全风险正在增大，"Don DeLoach说，"重要的是需要提高物联网领域的安全意识，包括最佳安全实践，密码和认证策略等等。此外，对企业来说，在投资物联网前需要充分理解物联网的安全风险。"

然而，尽管很多企业的CISO认识到了物联网的风险，但企业高管的物联网安全的重视程度依然不足。Synopsys的网络安全总监Mike Ahmadi说："在企业高管眼里，他们只考虑到金钱回报。"他认为，等到由于物联网安全带来的事件真正造成了经济损失，企业高管才会真正重视物联网的安全问题。

针对物联网领域的商业模式创新将是把技术与人的行为模式充分结合的结果。

物联网将机器人社会的行动都互联在一起，新的商业模式出现将是把物联网相关技术与人的行为模式充分结合的结果。中国具有领先世界的制造能力和产业基础，具有五千年的悠久文化，中国人具有逻辑理性和艺术灵活性兼具的个性行为特质，物联网领域在中国一定可以产生领先于世界的新的商业模式。

1. 物联网技术最基本的要求就是有能力使得数百万个或者上亿个接入设备，实现物体和互联网的联接，实现长距离和短距离通信，那么，有两个指标将会对物联网发展构成影响：低成本和低功耗的硬件、无处不在的联接和在线服务。近年来微电子成本的下降带来了关键组件的成本下降，从而带动整体硬件成本大幅下降，这一点成为物联网生态发展的主要驱动力之一。包括传感器、RFID电子标签、云存

突然袭来的物联网

储、网络传输等,并且计算、存储、传感等硬件越来越微型化,给物联网的产品部署带来极大便利,能耗降低显著提升。

2. 由于物联网节点的海量性和大部分节点处于全时工作,节点生成数据的数量规模和频率远大于互联网。据预测,到2020年全球数据总量将超过40ZB(4万亿GB),其中,物联网产生的数据量将超过10ZB。一些物联网行业应用,如车联网、智能电网、设备联网监测等,海量终端联接带来的采集数据也同样是海量的,而且大部分是非结构化、多样性和存在噪声的数据,使得传统IT解决方案无法满足物联网快速发展催生出来的数据处理需求,因此,物联网与云计算、大数据的结合变得水到渠成。

3. 物联网PaaS平台对能力开放要求会更高,需要提供一些类似智能硬件自助开发的平台,比如中国移动的OneNet物联网开放平台,以及BAT等互联网巨头的物联网平台。

4. 按照国际电信联盟的时间表,预计2020年后,5G将全面投入商用。在MWC2016(世界移动通信大会)上,美国Verizon宣布其已经开始在TexasOregon以及NewJersey两地开始进行5G测试。同时,AT&T也宣布,开始在其实验室进行5G测试。国内,中国移动提出满足2020年5G商用部署的需求,那么也意味着商用将在4年后启动,并且有望于2018年启动试验网。

投资者对于5G的认识,可能更多停留在其网络效应上,包括:10-100倍的网络速率,10~100倍的互连终端设备数量,1000倍的数据容量,时延降低到5毫秒以下,电池寿命延长10倍可至数年。但是,忽视了技术演进的本源是应用,5G的出现不只是一张新的移动宽带网络,其设计的出发点是考虑更加全面的行业应用,5G和物联网将形成很好的结合。

5. 万物互联的基础是要有无处不在的网络联接,未来基于万物互联的联接方式将呈现多样化,按照不同应用对网络能力的要求、时延、带宽、价值,可分为上中下三层。顶层是低时延、高带宽、高价值的业务,底层则是低容量、低带宽的保障性业务,不同的业务需要的联接方式不同。运营商的网络是全球覆盖最为广泛的网络,在接入能力上具备独特的优势,并且基于SIM/eSIM形成一个最真实的用户管理体系。因此,基于广域低功耗蜂窝技术的物联网标准将大大推进物联网应用的普及速度。

据预测未来60%的联接将通过广域低功耗蜂窝技术来实现,NB-IOT将重点瞄准这60%的市场。另外,30%市场需要中等保障,比如智能家居等,需要通过传感器、WiFi、低功耗蓝牙、Zigbee等技术实现,剩下还有10%的高保障业务,比如智能驾驶、智慧医疗、虚拟现实等,需要大容量、实时传输、智能处理等,还将依赖于5G/LTE等高速移动蜂窝技术。

第二章
建立物联网的生态系统

在物联网、智能硬件、可穿戴设备概念盛行的当下,产业链上游的半导体界也在风口挺进新技术的生态布局。

建立物联网的生态系统

搭建生态系统助力物联网发展

人们广泛认可物联网是未来人类历史的一件"大事"。

现在,我们都清楚物联网就是字面上所表示的联接到互联网以及彼此相互联接的"物"或"物体"。它可以是任何物体,随便举几个例子:电脑、平板电脑或智能手机、健身设备、灯泡、门锁、书籍、飞机引擎、鞋子或橄榄球头盔。这些设备或物体中每一件都具有自己的UID(唯一识别号码)和IP地址。这些物体通过线缆和无线技术(包括卫星、蜂窝网络、Wi-Fi和蓝牙)联接起来。它们使用了内置的电子线路和通过芯片和标签后期附加上的RFID或NFC(近场通信)技术。无论具体的实现方式是怎样,物联网都能利用数据的移动实现在房间的另一侧或者地球另一侧的某个地方进行操作。

但是,在物联网的庞大范畴内,存在几种关键的区别和差异。介绍到这里,就需要解释几个基本的概念。术语"联网设备"(connected device)指通过标准的互联网交换数据并受益于网络(有时是私人网络或封闭网络)联接的设备。联网设备不是必须联接到物联网的,但是越来越多的联网设备都联接到了物联网中。而且,它们将联接性扩展到了计算机之外，渗透到世界的各个角落。

事实上，物联网的力量在于通过使用大量的应用软件和硬件设备，能够实现互联网资源利用率最大化。这些设备包括但不限于市场上销售的各种无线产品和移动设备。在很多方面，物联网是与应用软件市场对应的硬件市场，正在全世界释放一轮新的发明创造的浪潮。任何人、创业者和企业都可以利用现有互联网基础设施创建企业，加快技术人性化趋势，提高嵌入式安全智能化程度和智能能源利用率，构想新的应用和市场。

在互联网时代，中国诞生了以BAT为代表的巨头，在全球十大互联网公司当中，中国占据四位，中国已成为名副其实的互联网大国。然而，新一轮的信息革命已经开始转向物联网，面对信息科技从互联网、移动互联网到物联网的延伸之时，BAT在物联网领域思路是怎么样的？

虽然物联网这一概念甚广，但不管是科技企业，抑或是传统企业，亦对物联网充满期待，甚至全世界各个国家都纷纷对物联网做出战略布局，物联网也被视作为全球经济增长的新引擎，将带动数十万亿的经济价值，BAT作为国内互联网领域的三大巨头，自然也不会错失这一巨大市场，下面介绍腾讯在物联网领域的布局动向。

腾讯在面对物联网领域布局时，主要在联接层以及依托联接优势来构建一个开放的物联网生态系统。联接是腾讯先天优势，马化腾早在2014年就提到过，腾讯不仅希望能够联接人与人，还希望能联接人与服务、联接人与商业。在人、设备、服务之间形成智能的联接，腾讯要做的是最低层，往上要让传统行业自己去搭建应用，每一行都很

建立物联网的生态系统

深,需要各行各业用起来,才能发挥移动互联网的最大威力。

联接

那么QQ和微信承载着腾讯智能联接核心战略,希望借此链接一切,QQ物联智能硬件开放平台已于2014年10月发布,为设备提供快速、安全、稳定的接入物联网的一体化解决方案,提供给可穿戴设备、智能家居、智能车载、传统硬件等领域合作伙伴,实现用户与设备及设备与设备之间的互联互通互动。

QQ物联要让每一个硬件设备变成用户的QQ"好友",以及透过QQ物联智能硬件开放平台将QQ账号体系及关系链、QQ消息能力等核心能力,开放给合作伙伴,能够更大范围帮助传统行业实现互联网化。QQ物联和腾讯云联合团队在近日也正式发布12个物联垂直解决方案,包含智能电视、智能音响、智能相框、运动手环、可视门铃、空气净化器、行车记录仪、早教机、儿童手表、打印机、IPC、NAS设备等12个典型场景。

作为腾讯另一联接级产品——微信,不仅要联接人,还可以联接设备、服务,在微信中可以通过和设备对话来控制设备。后面微信也上线了智能开放平台,显然微信在探索物联网之路也逐渐清晰。

微信硬件平台是微信继联接人与人,联接企业/服务与人之后,推出联接物与人、物与物的IOT解决方案。微信凭借日活跃7亿用户,庞大的用户是微信智能硬件平台核心竞争力,微信同样也承载了腾讯物联网战略的延伸,也是一张上等好船票,支持智能硬件设备接入至微信,据了解,目前接入设备品类超过100种,厂商超过3000家。

微信提供的设备标准面板,进一步降低了硬件厂商的开发成本,厂商无需进行服务器端的开发,即可快速为用户提供设备操控界面。

微信开放硬件接口，也将加速其在物联网的布局，拥有的入口和联接优势，构建一个开放的物联网生态圈，势必将推动着物联网的普及落地。

云端

腾讯云作为腾讯最重要的IT资源和技术能力对外开放，在腾讯"云+未来"峰会上，腾讯云正式将腾讯大数据能力全面开放，推出一站式数据分析与挖掘服务平台——数智方略。

作为中国第一大互联网公司的腾讯，透过开放平台，聚拢上下游产业各方面优势资源，对物联网在智慧生活、智慧城市、智慧政务等重点行业实施应用，我相信腾讯能凭借其资源能构建出一个基于物联网庞大产业链的生态系统，即大平台、大联接、大生态推动着物联网产业发展。

随着物联网时代的到来，各种设备联网后，即万物互联网后所产生的庞大数据，须经智能化的处理、分析，厘清并挖掘出价值显得尤为重要，而作为承载后端的云平台，不仅为海量数据提供存储，也为数据提供后端运算大脑，云计算被视作为物联网发展的基础。

作为未来的方向，马化腾进一步支持，在未来大部分科技创新后台核心一定需要云技术的支撑，比如人工智能、物联网，甚至未来的无人驾驶、机器人等等，它的后台的核心一定有一颗在云端的大脑。当然终端会有一定的能力，但是一定要靠云端有一个非常强大的大脑来支撑。

随着智能手机和平板电脑的广泛应用，我们每个人在物联网中所扮演的角色正在被边缘化，我们身边的东西反而变得越来越聪明，智能让它们具有环境感知能力，并能够与手机通信交互。因为采用智能

建立物联网的生态系统

功率技术，它们具有优异的能效和成本效益。有了物联网，不管我们在哪里，网络都会随处存在。在未来多年，网络扩容将继续拉动经济增长。

在物联网时代的网是怎样的网呢？主要是边缘计算和云计算。这跟以往的计算方式很不一样。我们知道，PC时代，对个人而言，计算中心是在个人家庭电脑端，对企业而言是在自家的服务器上。进入移动互联网时代，智能手机弱化了一部分人的计算需求。而未来更多有计算能力的设备会加入到这个行列，如智能电视、智能手表、智能冰箱等。

现在提出边缘计算的概念，是希望调动所有设备参与计算，让其自己通信和组织计算，而不必借助网络后台。就像你本来要把丝绸运去加工，但是你在运输途中遇见了一位识货的商人，他在中途就买下了你的货物直接给了你钱，这样就省去了很多麻烦；或者你突然发现你的小伙伴手艺不错，直接就可以把丝绸做成衣服了。当然，这里面其实更复杂，实现起来还有很远的路要走。举个例子，你并不知道把你拦下来的人是想买你货的商人，还是拦路的强盗，或者只是一阵泥石流。

然后就是云计算了，云计算现在已经比较成熟，相信很多朋友也有相关的知识储备，但这里还是做个简单的类比。你的丝绸送到码头就有人帮你打包了，你不必费神在运河另一端去建立丝绸加工厂。他们把丝绸送到了专门集中加工丝绸的地方，把大家的丝绸集中做成衣服，再送到各自指定的位置。当然，他们更多是建立产业园，除了加工丝绸，也会做一些棉布、牛仔或者化纤的产品。

在物联网发展初级阶段，有赖于感知技术的发展，对物联网的理解重点在于将真实存在的物品信息化；随着人们理解的加深，事件也被作为信息化的对象，比如购买、借款等行为，而这里采用的信息技术更多偏向于传统互联网的采集方式；再往后，一些人提出加工流程、知识产权等没有具体形态的信息，也可以被当作实物一样进行处理和管控，这即是对"物"的定义进行了扩充，将任何可以控制和采集信息的对象都纳入广义的"物"的范畴。至此，"物"的概念和"信息"的概念边界已经模糊，目前这个观点还有一些问题需要讨论，我们在这里就不过多展开了。

我们以往的应用多半是在手机上，以APP的方式为人们提供各种服务，而未来的应用将依托于"物"给我们自动提供。

以信息化网络为例，其发展已经走过了大型主机、小型机、个人电脑、台式（桌面）互联网等多个阶段，进入移动互联网阶段，正向泛在网的新阶段迈进。

目前，物联网正处于起飞阶段。因为无线网络无所不在，智能手机随处可见，再加上家庭宽带网，寿命长达多年的硬币电池，能源收集技术，低价低功耗的嵌入式处理器，传感器数据融合算法，IPv6应用，云计算，这让每个人都成为网络的一部分。现有网络基础设施简化了很多应用开发难题，避免创新者为是否需要建设或重建基础设施分神，可以集中全部精力解决今天社会面临的最严峻的挑战，包括社会老龄化、人口膨胀和城镇化等社会问题。虽然有了这些坚实的基础，但是，很多问题太过复杂，仅依靠技术是无法解决的。不过，推广物联网技术是解决这些难题的重要环节。

利用技术帮助解决社会问题的例子非常多。例如，远程心脏监视、微型胰岛素注射泵和改进型青光眼检测等技术都有助于解决这类社会问题。这些创新技术都采用相似的和现有的物联网核心技术：传感器、接口芯片、低功耗32位微控制器和先进的电源监控芯片。世界人口城镇化同样给家庭和城市智能化带来众多机会。在一个智慧城市里，每一个路灯都能根据环境光自动调节亮度。虽然每一支灯节省的电能微不足道，但是将全城或全国节省的电能加在一起，那将会是一个相当可观的数字。联网智能传感器系统还能够收集个人信息，根据每个人不同的需求订制服务，满足市场对支持个性化设置的全球化产品的期望。

物联网的特征主要表现在以下五个方面：一是具有聪明智能的物体，简称"智能终端"；二是具备在线实时、全面、精确定位感知的功能，简称"实时感知"；三是具备系统集成、系统协同的巨大能量，简称"系统协同"；四是具有"一览无余"的庞大数据比对、查询能力，简称"大数据利用"；五是具有超越个人大脑的大智慧、超智慧的日常管理与应急处置能力，简称"智慧处理"。

这些诸多"智慧世界"的构想需要来自不同领域的参与者相互合作，例如，技术提供商、设备厂商、基础设施运营商、标准化组织、地方政府和国家政府。事实上，物联网虽然令人期待，呈现出很多机会，但是进一步成长还需解决本身的最大挑战：建立适合的生态系统和解决关键的基础问题，例如数据安全和设备交互性。

数据安全就是只有可信任对象才能查看数据，例如个人医疗数据、银行信息、数字家庭钥匙。物联网的未来依赖人们相信他们的信息是安全的且只有授权对象才能查看信息。同样，物联网还需要设备交互性和入网控制，确保不同厂商的设备能够无缝互通互联，只有目标设备才准许加入用户网络。

综上所述，物联网是一个不可分割的整体体系，它是一个把"各类终端装备+网络服务+云技术使用"融为一体的体系。如果对照《关贸总协定》中的"货物贸易、服务贸易、技术贸易"三种贸易形态分类的话，物联网这个体系中的"各类物体装备"就相当于"货物贸易"，"网络服务"相当于"服务贸易"，"云技术使用"相当于"技术贸易"。因此，也可以说，物联网是融货物贸易、服务贸易、技术贸易三种贸易方式为一体的一种新商务模式。

伴随着信息化网络发展的是信息化装备的大发展。凭借着更强的处理能力、更友好的用户界面、更小巧的外形、更低的价格和更好的服务，新产品的出货量和用户数往往是上一代主流产品的n倍。目前，信息化装备已进入"智能终端大发展"时代，智能手机、平板计算机、智能家电、汽车电子等领域的新产品层出不穷，成为物联网、移动互联网的重要组成部分。在物联网时代，一辆汽车、一艘轮船、一架飞机、一栋房子、一个加气站、一台机器或一个工厂，都可以当作一部放大了比例的固定终端或移动智能手机来设计并使用，这就是谷歌开发网络控制的无人操作的电动汽车的原理，也是无人驾驶的飞机、轮船、机器人会有更大发展的奥妙。

建立物联网的生态系统

物联网需要开放的生态系统

在物联网、智能硬件、可穿戴设备概念盛行的当下，产业链上游的半导体界也在风口挺进新技术的生态布局。

以 Google 并购 Nest 为例，Google 买下 Nest 后，不只利用空调控制、烟雾监测、家庭监控等核心产品，建构出智能家居的模样，更跨界与其他厂商，如LG、BMW 等合作，形成一个智能产品体系；之后，Google 更把用户的用电数据，卖给电力公司，创造一个新的商业模式。

物品一旦连上网后，会迸发出许多的机会与挑战，特别是颠覆既有的服务和商业模式，因为将不同资料串连后，物联网产品可以依据用户过往的使用经验，持续优化操作系统，并提供定制化的个人服务。基于此，于是就有了与物联网有关的十个产品商业模式：

1. 销售硬件设备，提供免费软件服务：软件强化硬件功能，或定义新的产品类型。如：小米手环。

2. 销售硬件套组，提供免费软件服务：以一个硬件为核心，持续出售周边组合套组。如：Wemo 感测套组，以一个控制器为核心，搭配其他产品销售。

如果是走硬件销售路线，要特别注意小米这个强劲的对手。从业者要找出一个很强的核心产品，用互补的产品线打系统战，让用户非使用你的产品不可；或者公司的产品、资源比小米更深厚，专攻小米无法进入、没兴趣进入的地方和产品市场，也是力克小米的方法。

3. 销售硬件产品，收取一次性费用：除了要购买产品外，基本服务免费，升级服务需要收费。如：iPad 触控笔 Pencil by 53，App 能免费下载，但如果需要升级的功能，就采取一次性收费。

4. 销售硬件产品，收取订阅服务费：要购买产品，但升级服务要收取月费或年费。如：专注于车况诊断、控制解锁、安全维护、娱乐等综合功能的 Volkswagen Car-Net，需要收取17.99美金的月费，或199美金的年费，提供最新的服务。

可以利用免费体验的方式，让消费者购买，后续再通过付费升级，让消费者愿意与业者维持长期的关系，但要找到消费者愿意付费的原因。

5. 服务维护收费：产品就是服务，硬件结合软件平台，进行数据分析，并依使用量收费。如：美国通用电器公司 GE 本身是以租用引擎为主，而引擎本身拥有许多的传感器，所以引擎连上网之后，就可以把从引擎收集来的数据，结合预测与资产管理平台 Predix，可以算出引擎的耗损程度及判断是否要更换引擎，让 GE 就从租用引擎的公司，变成卖预警及维修服务，当顾客使用引擎越久，钱付得越多。

6. 依用量或成效收费：硬件结合软件平台，依用量或成效收费。如：保险公司 METROMILE 会提供设备搜集车况、汽车检测、超速警示等服务，保费则是按实际里程数计算。

要从客户本来就会进行的事下手，抓准客户短期利益的心态；此外，要有强大的软件平台，并拥有整合其他厂商产品的能力，才能创造长期的实质效益。

7. 免费硬件+交易费：硬件免费，但会收取交易费用。如：移动支付 Square 提供店家免费的移动刷卡工具，但每刷一笔金额，就会收 2.75%的手续费。

8. 第三方付费：羊毛出在狗身上，猪来买单。如：保险公司与移动硬件品牌 Fitbit 合作，提供优惠的保单和 Fitbit 给客户，只要客户愿意和保险公司签署合约，就能免费获得 Fitbit，而保险公司就能借此拿到客户的个人数据。

需要三方共赢才有可能执行。硬件厂商要有市场或技术领先性、产品要对用户有足够的诱因、服务营运商能获取过去无法取得的数据，或接触到终端客户。

9. 跨界授权收入：从核心产品衍生出跨界服务的收入。如：Lego Mindstorm 的核心产品为动力积木组件、传感器、开发程序，但通过专家编写教材，并授权给各学习机构，提供结合玩具创意、科学教育、程序教学等服务。

10. 跨领域收入：从原来的硬件和平台，跨界到新的应用领域。如：汽车品牌特斯拉从生产电动车，跨界延伸到研发车用充电、家用供电等新的领域。 建议：产品、技术、内容、社交能力要很厉害，可从非主流的市场切入，满足特定族群的喜好。

针对上述十种产品的商业模式，英特尔的物联网包括了已经取得很不错成绩的智能安防、车载信息娱乐系统、智能零售等领域，同时还将目光瞄准了新的市场，例如智能物流系统、智能交通系统、智能城市管理系统、智能制造和智能家居系统，以及智能的卫生管理系统等。

　　第一是对客户和合作伙伴的技术支持，因为英特尔在提供物联网的芯片技术的同时，专注于解决方案。物联网的挑战跟传统的PC、平板、手机行业有很大的不同，它这个行业有定制化的挑战，所以我们提供硬件和软件两方面的支持。第二是提供参考设计，为了物联网的解决方案能够快速推广。第三是关注生态链，过去传统的嵌入式的生态链在物联网的新的环境下，必须要得到很大的扩展。如深圳的硬件的生态链，和中国很重要的市场引领的巨头，像阿里巴巴、百度、腾讯、华为、联想等等，这些中国的巨头产业的引领者，英特尔都在不断地与它们寻求合作。

　　随着市场的发展，市场的参与者也发生了改变。早期，物联网云解决方案是为实现特定目标而制定，如此不灵活的平台却需要面对大量不同需求的客户。大部分使用物联网技术的早期使用者，并不知道他们客户的真正需求。一路走来，随着众多对嵌入式设备有浓厚兴趣的小型制造商及爱好者，如 ElectricImp、RovingNetworks（已被 Microchip Technology 收购）、Digi以及许多中国厂商的加入，设计、生产了各类丰富多样的物联网设备。

　　硬件公司"不要想着靠硬件赚钱，要想不靠硬件怎么赚钱"，才有可能有一些新的商业模式出现；服务型公司则是要"纳入物联网产品思维"，才能创造新的效果，让消费者长期使用。

　　在中国，移动设备用户的日渐增多以及政府为提高制造业效率而进行的努力可能刺激大量新设备和物联网标准出现，而韩国和新加坡等网络发达的国家也可能加快智能城市的建设计划。于2016年11月举行的白马湖峰会，汇聚了解各种物联网核心传感、传输技术，并发布了WiFi、蓝牙、Zigbee等新技术和标准，推动了智能家居、车联网、智能硬件等领域的快速发展。

以下二十个物联网热门方向可供参考：

1.大众消费者对智能手机尺寸的偏好在大约5.2英寸左右。

2.独特的智能手表将会刺激大众消费市场。

3.中国品牌将会持续影响智能手机的用户体验趋势。

4.采用智能家居技术将会开始成为主流。

智能家居语音控制成为主流，智能厨电将掀起新的高潮！各大智能家居公司经过几年的发展，海尔、美的、格力等家居巨头以及BAT的加入，智能家居或许会有真的成果。智能家居品牌多基于WiFi和Zigbee技术，结合开关、插座、传感器、摄像头和自主研发的App形成一些联动场景。

5.流媒体设备将会给智能电视终端媒体的地位带来挑战。

6.消费者将负责视频内容流。

7.CarPlay系统搭载数量将非常有限。

8.车联网。汽车已经进化为搭载传感器、软件、处理器和网络的精密机械。车联网接入以太网，实现网络的无缝接入，再如一些有趣的领域包括自动驾驶系统、在无需车主的干预下变道以及用来避免碰撞和事故的车载传感器。

9.自主驾驶对汽车制造商很有利，但是对消费者利益不大。

10.Apple Pay专注于支付安全方面，将会对移动支付有显著影响。

11.移动运营商将继续打造颠覆性的产品来吸引消费者。

12.物联网的各种行业解决方案，农业、林业、能源等。

13.智能机器人。智能机器人继续推进，家用机器人和玩具市场将会有更大的进步。

14.虚拟现实。虚拟现实，将用户送到另一个世界。VR（虚拟现实），也许是2017年的最大亮点，主要由HTC、Oculus、三星GearVR等巨头公司。

15.能量收集。将带来全新的革命，各大公司如高通、德州仪器、ARM和其他硬件科技巨头，都在尽力研制可以自行供能的传感器以及芯片。主要将环境能源包括光（光能）、热量差（热能）、振动波束（动能）、发送的RF信号（磁能）或其他任何能够通过换能器产生电荷的能源。

16.智能制造。工业4.0高歌猛进，带来产业创新，随着互联网+的深入发展和中国制造2025工业的推进，第四次工业革命马上将要到来。

17.无人机。无人机开始厂商的"厮杀"，以大疆DJI、老牌无人机先驱Parrot、Autel Robotics继续领跑，但也有新晋无人机品牌如零度智控、LILY、GoPro、亿航、极翼等占领市场。据说小米也加入了无人机的队伍，看来这场"戏"，越来越值得期待。

18.可穿戴设备。可穿戴设备尤其是智能手表，渐入人心。小牌落寞，大牌开始上市，大体可分为三个风向：a.奢侈品女性市场：代表为中兴、华为、mira，产品形态多表现出饰品化趋势。b.土豪金时尚市场：代表为三星、LG、Sony、Fitbit等，产品多采用黄金、玫瑰金、黑金等色调。c.运动数据记录与跟踪市场：代表为Garmin、Withings、产品路线方向大致没有改变，但都不约而同推出平价版，拓展市场版。

19.物联网产业链大数据服务。

20.物联网产业各种2B服务。

建立物联网的生态系统

如今，提供SaaS服务（Software as a Service，软件即服务）的主流公司在中国境外进行国际化运营，通过它们的基础设施构建云系统。这些SaaS公司应用它们的先进技术在扩展性、安全性、资源调配和计算等方面，通过提供无与伦比的创新能力来定义今天的云基础架构。

现今的物联网市场由几个部分组成：最初的物联网云公司试图以缺乏灵活性与适应性的平台满足客户不断变化的需求，嵌入服务商以提供服务器和设备来推销云服务；生产嵌入式产品的公司自己则使用现代云计算基础架构，来创建引人注目的物联网联接设备。

在美国芝加哥举办的2014年物联网论坛上，思科公司的首席执行官约翰·钱伯斯引述了Bobson Olin商学院的研究，该研究预测，在10年内，40%的财富500强企业将不复存在。为何？因为它们将无法做到跟上现代消费者对出色产品需求的步伐，同时提供卓越的产品，以及不断变化的需求。他还提到，物联网时代的赢家将是财富500强中那些有远见、足够强大并能为客户创造价值的公司，没有人会只靠自身取得胜利。

诸如艾拉物联网络（Ayla Networks）等公司，使用现代化的基础设施服务和领先的合作伙伴关系，为嵌入式产品公司提供端到端平台的解决方案，在即将来临的以消费者满意为目标的新时代为合作伙伴提供产品。该公司的合作伙伴与供应商间的联接可通过一套可预先配置并具备企业级安全的方式联接设备与云服务。使用Ayla的设备，不仅使制造商能够查看之前不可访问的数据，而且，该产品是完全虚拟化的云服务，允许制造商迅速对其进行调整，即使在不同的领域，也能从信息流、消费者体验、产品使用甚至社交媒体流量中获取数据。

经验主义生态系统

经验主义驱动的系统可以容易地识别，因为它们是预先定义功能的产品。例如，一个温控器必须为其建立输入和输出的通路；车库门开启器也需要具有进出功能，等等。问题是，没有人知道在未来的两年内什么才是成功的"设备"。如果我们这样做，我们就不需要任何市场调研和真实的客户数据来构建下一个产品。所以，有一个系统提供的产品定义和解决方案，那就是从通过上一代产品来定义新产品的方式。

如上所述的系统已定义了数据结构的结束点、格式和终端，然后将这些收集节点联接到云。这就是为什么它们是不灵活的和预先定义的。它们可以被修改，但却不灵活，特别是在需要大量修改、创建备用系统、并行系统或附加系统时。这些活动，虽然可通过提供相应的方法来解决客户的学习需求，但却可能会导致产品生产周期，比当前普遍的周期更慢。就像约翰·钱伯斯的警告一样，这样会导致公司经营失败。

机会主义的生态系统

市场领导者并不总是与规模较小的公司产生联系。供应商向那些小型的OEM厂商和爱好者提供简单易用的联接解决方案，现在很普遍。这只是一个自然延伸，为这些公司提供服务器，把他们现有的模块联接起来，然后通过互联网联接到他们的客户，并把它称为"云"。

大多数采用此类设计的多是第二或第三线的公司或业余爱好者，规模不大，大部分增长来自新兴小公司采用的联接技术。通过添加服务器可以支持这些不断增长的互联网需求，因为增长是稳定的，可预测的。另外，未来通过更高价格来向新客户提供联接模块，将提高IT

建立物联网的生态系统

方面的成本开销。

另一个经常不易识别、已存在的机会主义生态系统，是OEM厂商自己使用现代化的基础设施作为服务（IaaS，基础设施即服务）产品，打造自己的云计算联接平台解决方案。或者更糟的是，当这些厂商认为"他们足够大"时，就意图由他们自己来创建整个生态系统。这是错误的观念。世界领先的嵌入式产品公司在他们产品中所具备的专门技术并且可能是他们自己也需要的；但要将这种IT基础设施的理念在向类似于亚马逊、谷歌这样的业界重量级公司拓展时，最终会削弱他们与消费者之间的价值。

以上两种机会主义的情形，IT基础设施往往用于满足最小的联接需求。采用新协议，优化数据库结构、数据挖掘和对云端技术投资的增长，这些对基础设施需求不是来自于内部，而是来自于外部驱动的需要。

到目前为止，这些实施方式的最大缺点是不可预期的投入及由此带来的不具灵活性的设备。在这两种情况下，是通过购置和运行服务器和SLA联接实现。这是一种单向的供应链。公司通过预测需求和购买、运行并管理最大限度的预期需要，如果对需求预测失败，将导致联接高峰时无法满足需求，从而造成大量的损耗。问题是这种设备在不需要时不能移除。也许可以减少对设备支持次数来节约成本，但因为该硬件已实际存在，因此资本性支出不可避免地会产生贬值。如果供应商过于注重经济性，那么，将对客户体验产生重大影响。

现代的平台即服务（PaaS）系统

一个现代的PaaS系统可以充分利用基于云计算的模型，来实现高可用性、高可扩展性和全面的解决方案。

现代的PaaS基础平台，使用面向服务的体系架构（SOA），此架构中，各类服务独立运行，且每个服务均用于一个特定的用途，每个服务自身已具备独立扩展的能力且可独立于其他服务。新的服务可以轻松加入而无需对整个系统进行大的改动，对现有服务进行增强或改进也不会影响其他服务的正常运行。这种架构，可以在长期的使用过程中，让管理、维护和支持复杂系统变得简单。

许多基础架构即服务（IaaS）供应商提供的服务，使现代的PaaS服务能提供高可用度和可扩展的服务。例如，数据库托管服务，跨区域自动备份，提供可用性高的服务是很大的优势。负载均衡API接口和按需分配新服务器的能力使我们能够提供高效率的服务。通过不断地监控服务器，当负载增加时能够分配新的服务器，并在几分钟内将它们添加到负载平衡群集。包括在此时间内获取一个全新的服务器、安装该服务所需的所有软件，将其添加到负载平衡器群集并开始执行服务请求。当监控服务检测到负载下降时，系统会慢慢减少不需要的服务器。即使面对一些不常发生的情况时（如：固件升级），也能保持高的运行效率和可扩展能力。

现代的PaaS，充分利用基于云计算平台的IaaS服务并能够成为全球性供应商，并利用IaaS为杠杆轻松建立全球性的数据中心。不同的地理区域可能因法律或性能需求的原因需要建立自己的数据中心，可编程的数据中心使用相同API的，这样可与世界各地的网络运行中心协同运转，提供现代化的多功能及灵活的PaaS服务，以快速响应业务需求。而Ayla等公司使用的面向现代化的IaaS云服务架构，可带来全新的高可用性、可扩展性高和即时的全球性PaaS服务。

建立物联网的生态系统

智能汽车引领物联网变革

对概念的定义从来就不是为了归一,而是一个多元论辩的开端。从车联网到互联网汽车的概念演变,完成了一次制造业和IT界的业态丰富,还带来了审视角度的改变。

车联网像是一场不同行业面对新兴领域的跨界讨论,挖掘汽车的潜在功能。而有关互联网汽车更像是汽车行业面对改革进行的自我反思和应对思考。不同界定背后有多个角色的焦虑,也有不同利益间的斡旋,而不变的永远是坚定的消费者立场。

物联网应用领域中最令人期待的莫过于无人驾驶汽车。根据IEEE此次的调查结果,55%受访者偏向选择无人驾驶汽车作为未来首选交通方式。虽然这无人车未必能在短时间内问世,但车道偏离警告系统、自动制动和盲区指示等一系列自动驾驶技术已经应用至现代汽车。

现代汽车逐渐成为家庭的一部份,娱乐系统和互联网服务渐发展成为新车标配。预计到2025年,所有车辆将备Wi-Fi功能。届时,人们可通过手机网络、通信卫星甚至从经过的汽车或公交车等联接互联网。但是,随着汽车互联程度的提高,联网设备安全性成为厂商首要处理的重要一环。

与家用设备一样，车载系统必须及时更新。绝大部份定期固件更新有助修复各种安全漏洞，例如黑客能通过互联网解锁车门的漏洞等，千万不要忽视其重要性。

如果要从"车联网"这个概念提取出一个关键字，那就是"联结"。车联网是智能交通的组成部分，更多表现在汽车基于现实中的场景应用。这些联结有一个统称叫V2X（Vehicle），V顾名思义是汽车（Vehicle），X可以代表人和各种设备汽车，包括行人（Pedestrian）、路旁设置的通信基础设施（Infrastructure）及电网（Grid）等，当车与之互联，则取首字母命名为V2V、V2P、V2I及V2G。

最早的车联网始于车载信息系统，也就是车与移动网络的打通，车机自带的地图导航与路况报告等功能就是一个基础案例。伴随着车联网勃兴，V2V、V2P、V2M、V2I功能被逐步开发，被广泛应用于汽车主动安全（ADAS）领域。电动车在市场普及，闲时可转换为移动电站为其他设备供电的（V2G）技术，也已经开始在全球范围推进。

车联网中作为基础通信联网入口分为两种，其一是将手机和车机端口打通，借助手机流量实现联网；其二是主机厂和运营商合作，采用前装内置上网卡的方式完成联结。总体看来，上面提到的安全类技术的实现，掌握硬件的主机厂更有优势，后装市场通过有限的外接接口也有不小的生存空间。

技术在不断研发出新，X的类项也在丰富。但从我国汽车行业来看，所谓的车联网产品还蜻蜓点水地停留在导航和娱乐系统的基础功能阶段，在主动安全和节能领域还有大片空白。《汽车商业评论》总

建立物联网的生态系统

编贾可在TC论坛圆桌讨论中指出，车跟车联网，车跟物联之间联网，这些到现在为止还远远没有达成。

联接必然成为一个最基础的功能，需要日后深耕。但是，我们要做的互联网汽车，绝对不仅仅只是车联网。在与阿里合作中，上汽首次提出了互联网汽车的概念。互联网汽车需要结合整个汽车产业链来思考。互联网汽车更多在于我们产品营销、制造、研发，甚至销售和服务都有大数据的概念。互联网汽车不仅是在汽车整个生命周期内嵌入互联网技术本身，还要有互联网思维参与其中。

从造车源头出发，汽车制造开启了定制模式。每一位特斯拉购车者在预约时都要对配置进行明确，车体颜色、轮毂尺寸、车顶天窗、内饰配置以及可选充电配套装置都可以按需实现个性化。研发过程共享模块的接入和打通使车更加智能，语音对话、一个手势甚至眼神，都可以让车了解你的下一步意图。走入售卖流程，大数据营销和网络平台叫卖已经发挥出低成本的优势，并且通过成交线索的累计，互联网将在日后追踪到用户的每一次保养与服务。当"跑在以互联网为基础设施的信息高速公路上"，在产业各个环节擅用网络大数据，互联网汽车才算名副其实。

汽车工业发展至今，智能化已成为其发展进程的强力标识，互联网与汽车工业加速融合，汽车这一"聪明的行驶助手"逐渐拥有更多的"超能力"，无人驾驶技术、车载系统以及新车联网形式的出现，一再刷新对智能汽车的感知，汽车不再仅仅是代步的机械工具，而成为了满足安全性、娱乐性等诸多需求的科技产品，汽车智能化成为未来汽车不可争议的发展方向。

为把握产业大势，引领产业发展，贯彻"以信息化带动工业化，以工业化促进信息化"的使命，引导和促进我国智能汽车产业科学、创新、智能、绿色发展，由工业和信息化部、深圳市人民政府共同主办，中国电子器材总公司、深圳市平板显示行业协会共同承办的第三届中国电子信息博览会于2015年4月9日至11日在深圳会展中心举办。本届展会围绕"智能新时代，数字新生活"的主题，展示了智能产品、产业链及新技术、新产品，如智能汽车、智能机器人、可穿戴设备、3D打印、互联网金融、产业互联网等。

何谓"智能汽车"？就是在普通汽车的基础上增加了先进的传感器(雷达、摄像)、控制器、执行器等装置，通过车载传感系统和信息终端实现与人、车、路等的智能信息交换，使汽车具备智能的环境感知能力，能够自动分析汽车行驶的安全及危险状态，并使汽车按照人的意愿到达目的地，最终实现替代人来操作的目的。

智能车辆是一个集环境感知、规划决策、多等级辅助驾驶等功能于一体的综合系统，它集中运用了计算机、现代传感、信息融合、通讯、人工智能及自动控制等技术，是典型的高新技术综合体。

透过CES消费电子展可以看到，当下智能汽车市场参与者不断增多，软硬件快速发展，智能驾驶技术正由辅助驾驶转化为自主驾驶，智能汽车的重要部件由碎片化状态逐渐整合为系统，智能生态正在形成。

汽车智能化的步伐正在不断加快，从感知到控制、从部件到整车、从单项到集成、从单向到互动、从车内到车外正在发生全方位变革，汽车正在驶入一个"全面感知+可靠通信+智能驾驶"的新时代，智能汽车正为汽车产业的发展描绘出一幅广阔蓝图。

目前，智能车辆已经成为世界汽车工程领域研究的热点和汽车工业增长的新动力,很多发达国家都将其纳入到各自重点发展的智能交通系统当中。国内部分整车企业也开始探索传统汽车智能化的多种路径,尤其值得关注的是,互联网企业、电信运营商、通信企业、集成电路企业等信息与通讯企业作为新的参与者,已经在智能汽车领域进行了积极布局。展望未来30年,汽车工业无论在产品形态、功能定位、使用方式,还是在产业链构成、商业模式、竞争格局上都将发生革命性变化,而这种变革已经显现的两个重要演进方向之一就是智能化。

车联网技术日趋成熟,智能汽车应运而生。所谓智能汽车,来自车联网、人工智能及自动控制等技术在汽车上的高层阶融合。人能够通过汽车上的控制应用控制汽车,而车也能够反向与人进行一些互动,汽车和人之间通过软件或者语音等智能手段来实现人机交互。和普通车比,智能汽车完成了主被动安全、人性化设计以及实现智能交通三方面的进化。

把智能汽车做到相对完善的是谷歌无人驾驶汽车,可以实现全程无人操控的全自动原型车已经开始在硅谷累积里程数。谷歌无人驾驶汽车通过搭载雷达传感器、激光测距仪和摄像头替代人眼功能。在GPS定位的基础上,拥有强大储存和运算能力的车内计算机将"眼睛"看到的数据与云端交换,计算出具体的操作判断,代替人脑完成加减速、停车、避让等动作。

伴随着智能汽车的持续火热,智能汽车市场参与者不断增多,智能驾驶技术正由辅助驾驶转化为自主驾驶,重要部件由碎片化状态逐渐整合为系统,智能生态正在形成。

汽车厂商和IT企业是智能汽车市场上的主要参与者,现今,互联网企业、电信运营商、通信企业、集成电路企业等信息与通讯企业作为新的参与者，在智能汽车领域进行了积极布局。乐视控股投资的乐视智能汽车（中国）公司正式注册成立，发布中国首个全终端智能操作系统——LeUI；上汽与阿里巴巴合作，北汽联合乐视研发互联网汽车；奇瑞与博泰、易到三方共同合作研发生产智能汽车；中国联通已成立专门公司，为智能汽车产业提供端到端的服务；百度携手奥迪现代通用三大车厂布局车联网，推出兼容性强大的车联网解决方案。

据统计，2017年中国车联网市场规模有望突破2000亿元，到2020年90％的汽车将具备互联网接入功能，互联网联接将成为未来汽车的标配，车联网或将成为一个不亚于移动互联网市场产值的超级蓝海。智能汽车在国内的发展呈现一片迅猛之势，车联网的普及指日可待，将打造出更佳的智能交通解决方案。

在2016年，互联网的产业融合成为一大热点，物联网成为继计算机、互联网和移动通信之后又一改变人类生活方式的变革性力量。物联网、云计算、大数据、移动互联网等新一代信息技术发展普及，智能化时代到来，从智能手机到智能电视，从智能汽车到智能机器人，从智能车间到智能工厂，从可穿戴设备到万物互联。车联网的出现，将汽车行业与互联网进行融合，成为汽车发展的未来大势，今后的汽车发展将向创新型的、更具科技实力、更具人性体验的智能化时代发展。

第三届中国电子信息博览会的国际化展示平台吸引了国内外主流汽车厂商和零部件商的目光，特斯拉、比亚迪、吉利、五洲龙、陆地方舟、金龙等主流汽车厂商纷纷参展，除此之外，国防科大无人车、浙江大学无人驾驶ROBOY也都亮相CITE 2015，展示智能化汽车的创

建立物联网的生态系统

新力量。同时，还有其他汽车厂商、零部件巨头、进军车联网的IT企业，以及众多市场供应商也携最新的智能化产品参加了展会。

2016年，在美国拉斯维加斯举办的国际消费电子展（CES）上，智能汽车大放光彩，奥迪、奔驰、宝马等汽车厂商积极展示，整车厂、零部件供应商结伴参展，汽车智能化大行其道，智能驾驶和无人驾驶成为未来智能汽车的主要发展趋势。

其实，早在美国拉斯维加斯举行的2015国际消费类电子产品展览会(CES)上，智能汽车就毫无争议地成为了展会上的"绝对主角"，包括奥迪、奔驰、宝马在内的10个主流汽车厂商竞相推出了新研发的智能汽车、无人驾驶技术、车载系统以及车联网形式的新尝试。同时，各大IT厂商也纷纷加入到智能汽车硬件与软件系统开发中，丰富着人们对于智能交通的憧憬。但是，汽车厂商们也表示，未来5至10年将看到各种自动驾驶系统逐步推出。而第一辆无人驾驶汽车上路，预计要到2025年以后。

当特斯拉那块17英寸的中控屏实实在在地摆在消费者面前时，人们惊叹，汽车已经不仅是代步的机械工具，而成为了满足安全性、娱乐性等诸多需求的科技产品。此后，汽车智能化成为令汽车界兴奋的发展方向。

轿车前排两个座椅180度旋转，四个成年人在行驶过程中，面对面地聊天或者开会。这不是科幻大片，而是发生在今年的CES消费电子展上的实景。

奔驰在展会上发布的F015概念车，借助于自动驾驶技术，利用立体摄像头、雷达以及超声波传感器来获取车辆四周的环境数据，来为自动驾驶提供大量的参考信息。当车辆在自动驾驶时感知到可能发生碰撞或其他突发情况，会采取如施加制动等适当措施避免事故的发生。

智能汽车前两个层次的"辅助驾驶技术"和"半自动驾驶技术"在业内已得到广泛应用，并成为提升产品档次和市场竞争力的重要手段。目前，世界汽车巨头们正致力于第三个层次"高度自动驾驶技术"的实用化研发和产业化。

对于智能汽车的发展，实现无人驾驶或将是最高目标之一。今后的汽车发展也将向创新型的、更具科技实力、更具人性体验的智能化时代发展。2014年12月，谷歌宣布其第一辆完整功能的无人驾驶汽车已经制造完毕，在2015年正式实现路测。这辆车上没有方向盘，没有加速踏板和刹车踏板，汽车上安装了大量传感器，它的车辆控制系统将会作出驾驶动作。

智能汽车的发展将对道路安全作出贡献，降低交通事故率，解决交通堵塞问题，提高交通效率，能够有效降低二氧化碳的排放量，这对于中国这样一个汽车大国来说尤为重要，同时，也会对社会经济效益产生良性的影响。最为重要的是，智能汽车将影响到驾驶者的生活方式，让机动出行变得更便捷。

当然，在无人驾驶引发关注的同时，也有很多人担心，由于机器运作的逻辑，它不受情绪干扰，按程序办事，难以应对突发事件，在恶劣天气下的系统性能也颇受质疑。但即便如此，特斯拉的CEO马斯克也认为，无人驾驶比有人驾驶还要安全10倍。

建立物联网的生态系统

万物互联中的车联网

万物互联互通显然是全球最深刻的变化之一。物联网,被视作继计算机、互联网和移动通信之后将再一次令人类生产生活方式发生变革的力量。在这样的大背景之下,车联网大行其道,汽车与互联网的相互碰撞与融合,占据车界年度亮点。

车联网,简而言之,就是通过一系列信息传感设备,按约定的协议,把汽车与互联网相联接,以实现对汽车智能化识别、定位、跟踪、监控和管理的一种网络。

事实上,信息技术与互联网技术对汽车行业的影响早已开始,并且正在不断推向纵深。

第一个阶段,以汽车智能化为特点,就是在汽车上越来越多地应用电子电气技术,把汽车变成"装有四个轮子的电脑";第二个阶段,以"车联网"为特点,即在"汽车智能化"的基础上,通过无线互联网技术的应用,实现汽车与外部世界的信息沟通,使汽车成为一台能够上网的电脑,为与汽车相关的增值服务产生巨大的业务空间;第三个阶段,是汽车行业与IT行业在主营业务上实现融合的阶段。汽车产业诞生一种全新的价值创造模式,基于互联网的各种软件应用及服务，这种服务所蕴含的价值甚至可能超过一辆汽车本身的价值。

在社会的进化中，汽车的角色定位也不断演进。车主已不仅是车主，还是使用汽车上网的网民；汽车业不再是传统制造业，还是一个IT和互联网产业。整个产业链条都有了创新的可能，在汽车制造之外，围绕汽车的软件开发为行业提供了全新的价值来源。

2014年日内瓦车展上，苹果发布了Carplay车载操作系统。该系统可将iPhone5及其后代苹果手机与汽车关联，驾驶者可以通过中控台实现打电话、发短信、应用电子地图、听音乐等功能，且能实现交互语音控制功能。谷歌推出的AndriodAuto与苹果的车载操作系统功能类似，但谷歌希望可以将此系统直接嵌入汽车，而不需要通过联接手机与汽车实现网络互通。

此外，福特的SYNCApplink平台和丰田Entune系统等都各自具备了远程服务和较为丰富的App接入功能。特斯拉在中国市场也与通信运营商合作，可以直接在中控屏进行网页浏览操作。

智能技术与互联技术的发展正在重新定义汽车。在中国两化融合的浪潮中，智能汽车和车联网是两化融合的最佳结合点。目前，我国车联网产业已经基本具备了技术、市场以及制度等基础，4G网络和北斗卫星定位系统的应用也为车联网的发展创造了有利的条件。

不过，目前的车联网技术还仅仅停留在"上网"的阶段，车与车之间、车与行人之间的信息交换还比较匮乏，语音、导航、兴趣点、紧急救援等都只是车联网的一隅。各个厂家对车联网的研发也是各自为战，缺乏统一的技术接口和通信协议，相互间的兼容性较低。中国车企要对汽车产业进行重新思考，要用互联网思维去定义汽车。汽车的网络属性，未来可以体现得更多。

建立物联网的生态系统

除了更环保的汽车，移动宽带技术将惠及更多与我们生活密切相关的很多行业，比如大大地改进健康保健、带来更有效的水电利用并减少资源浪费、不断地改进教育和智能城市建设。

2014谷歌I/O大会，是Android平台向手表、汽车与电视等领域的拓展大会。谷歌正雄心勃勃地打算以Android移动平台为核心，以Android智能手机为中控，将自己的服务拓展到诸多传统的非智能设备，将其他硬件厂商的产品整合到自己的平台阵营中。

Andriod Auto平台就是谷歌在智能汽车领域迈出的新一步。通过这一平台，谷歌将传统汽车的中控台变成了Android智能手机的延伸，汽车中控只是相当于一个显示屏和语音操控台，整部汽车就是Android智能手机的外接设备，而Android手机则变成了汽车信息娱乐系统的核心。

Android Auto是谷歌Android平台在汽车领域的延伸，集成了谷歌语音、谷歌搜索、谷歌音乐等系列汽车上需要的谷歌服务。简而言之，这个平台就是提高Android手机与家用汽车的互动，减少用户因为操作手机受干扰或分心。

谷歌推出Android汽车平台也是为了与苹果的CarPlay平台进行竞争，在市场格局尚未确定的情况下尽快占据先机。2014年3月，苹果正式发布了iOS平台的汽车版CarPlay，将自己的软件服务拓展到汽车中控台，支持CarPlay技术的新车已于2014年年内上市。

而2014年年初，谷歌也和奥迪、本田、现代、通用汽车等主要车厂以及芯片厂商英伟达组建了开放汽车联盟（Open Automotive Alliance）。此次谷歌正式推出Android Auto平台时，亦宣布已有40多家汽车及芯片厂商加入这一联盟。显然，谷歌联盟的阵容规模远远超过了苹果的CarPlay阵营，采用Android Auto平台打造的汽车于2014年年底上市。

联接完成后，汽车的中控台就变成Android手机的延伸屏幕，手机上的诸多兼容应用也出现在中控屏幕上，包括谷歌地图、Pandora、谷歌音乐、TurnIn电台等应用。驾驶者可以用手指在大触控屏上进行操作，这样可以避免操作手机导致的驾驶分心。

当然，在驾驶过程中，用户可以通过谷歌语音助手完成接打电话、收发短信、播放音乐、查询位置、搜索导航等一系列操作，完全不需要拿起手机。和摩托罗拉Moto X、谷歌眼镜以及Android智能手表一样，用户需要做的只是说出"OK，Google"，就可以进入语音指令操作。

在驾驶过程中临时改变行程需要查询地址，驾驶员通常需要停车通过手机或者汽车自带导航重新输入。但在Android Auto上，驾驶员可以轻松地通过谷歌语音搜索自己想去的地方，然后再用语音指令要求汽车进行导航。这个原本烦琐的过程，现在完全可以通过语音指令完成，驾驶员根本不需要停车，可以一直专心驾驶。

当驾驶过程中手机收到信息时，Android Auto系统会为用户朗读出短信内容，而用户则可以通过语音指令发送短信回复。这个功能与2013年上市的摩托罗拉Moto X上的驾驶模式非常相似。可以看出，谷歌在Android Auto平台上运用了Android智能手机上的大量技术。

用户还可以从Android Auto平台上查看汽车的维护记录以及各种数据。未来将有第三方应用开发商推出服务，方便用户通过Android Auto平台对汽车进行诊断、遥控、控制以及追踪等诸多操作。

Android Auto上的所有应用都来自于手机上安装的兼容应用，其消耗的数据也是用的手机流量。如果通过上面的谷歌音乐或者Pandora等音乐应用听在线音乐的话，可能会消耗用户大量的手机流量，只适合那些每月数据套餐很大的重度用户。

谷歌已经宣布会控制Android Auto的界面，不允许厂商随意定制，这意味着Android Auto平台的汽车不管是什么品牌和款式，都将拥有相同的用户体验。这将更加有利于谷歌与苹果的智能汽车竞争，避免Android手机碎片化的问题再次发生。

无论谷歌的什么新产品，其在中国大陆市场的前景都需要额外讨论。此次的Android Auto也不例外，其本质上还是语音、地图、音乐等诸多谷歌服务的集成。如果这些服务在国内不能使用，那么Android Auto就相当于残废，至少谷歌地图在大陆就无法有效使用。Tesla电动车在国内也选择了其他地图服务商来取代车上原本的谷歌地图。

汽车厂商也可以寻找大陆的替代服务来取代谷歌服务，但缺乏统一的标准或许会带来更大的混乱，就像现在国内安卓手机的生态圈一样。或许，从用户体验的角度来看，苹果CarPlay在中国大陆更加具有发展前景。而且整体而言，私家车用户中使用iPhone的比例也会略高于诸多国内安卓手机厂商的产品。

毫无疑问，装上操作系统的智能汽车将更加智慧，而当汽车联上网络之后，一切就开始变得神奇。这样一部超大号的智能手机还能装人，还能快速地移动起来，带你去想去的地方，而且还能帮你订餐、约会。而这样的技术在移动互联网时代不是未来，而将快速步入寻常百姓家。我们要做的，只是静静地等待这样的车子驶入我们的车库，仅此而已！

车联网的时代来了，车联网的商业蓝海来了。智能汽车扮演何种角色是对"用户需要什么"的探究。怎样的人才需要无人驾驶车？智能车要实现何种功能？智能车多用于短途交通，在这个"第四空间"内完全解放乘客双手和大脑再去忙碌其他事项，未免把人性需求想得过分周到。智能汽车只需给现有功能适当做加法即可，例如为路途较远的上班族提供车内床铺，在来回路途中小憩，甚至最后替代房屋。

或许所谓智能，更多是度量把控的智慧。汽车的智能应该表现为驾驶者的智能切换和环境自适应，要有合适的联接性，互联互通，知道何时让睡觉的乘客醒来，告诉乘客要开始对车的人工控制。还有一个可以深挖的基础功能，是让车适应不同环境调节驾驶舒适性，根据驾况调节发动机油耗。

谷歌无人驾驶汽车的试驾中，志愿者包括老人、儿童、忙碌上班族还有盲人。有不少人预测，这项全自动驾驶功能将在医疗与社会援助等方面优先试用，似乎也为上述观点证明。距离完全替代人驾驶的正式普及还有很长一段距离。我们在等待的技术成熟和伦理平衡的同时，也在等待持不同观点的行业角色在未来汽车生态系统中，进行更多的跨界融合。

建立物联网的生态系统

颠覆世界的物联网

到2025年,物联网将随处可见且会给公众的日常生活带来有益的影响;"物联网"在便利性和效率方面将获得极大提升,但我们为此付出的代价也很巨大,那就是丧失隐私、社会分化以及很多复杂难解问题的出现。专家们还估计,能够跟踪人体健康状况和运动情况的可穿戴式设备将变得越来越常见;智能家居将使人们能对家用电器进行远程控制;家中安装的各类传感器也能使能源和资源利用效率达到最优化。

2025年,物联网将给生活的各个方面都带来巨大变化。未来的世界将是一个由数十亿台设备、产品、身体植入设备以及相关产品链接在一起形成的世界,这些设备之间会相互通讯并将信息传送给广告主、保健护理提供商等机构。

可穿戴式设备将随处可见,这不仅为人们提供了一个便利的上网节点,也提供了一种持续不断对用户的运动、健康情况进行跟踪的方式。有些专家认为,对身体情况进行持续不断地监控有望大大改进民众的健康,降低整个社会的医疗成本。

智能家居将使用户能对家里的各种环境包括温度、自动喷水灭火装置的开启和关闭等，进行远程控制。传感器还能探测到安全威胁或家电是否已被损坏，并适时发出警告。另外，智能设备也将使交通更高效便利；能感应到污染的严重程度；能控制电力和水的输送情况；感应到系统内什么地方出现了问题。

该报告还指出，新技术让工厂和供应链对原材料和产品进行快速追踪并加快产品的制造和分配过程，因此，有望让工业领域大大受益。环境监测设备将提供与土地、海洋、空气质量、土壤湿度或矿井运行情况等的实时信息，一旦发生任何问题，可以立刻知会当局。

不过，专家们也警告称，未来并非总是那么美好光明。有些人表示，技术的飞速发展也将威胁在线隐私以及私人之间的关系，在一些早接触并采纳技术的人和后接触并使用技术的人之间制造数字鸿沟。

该报告同时指出，一个深深浸泡在数据和互联的社会也让人们心生忧虑：人们能否控制自己的生活和个人隐私。而且，监控技术的发展也将使得针对某人的攻击变得更容易，这或许会加剧社会和经济鸿沟。

安德森说："为了让生活变得更加便利，我们可能需要逐步放弃自己的隐私以及生活的控制权。"

Salesforce.com（1999年由当时27岁的甲骨文高级副总裁、俄罗斯裔美国人马克·贝尼奥夫创办，是一个提供按需定制客户关系管理服务的网站）的首席科学家J.P.兰加斯瓦米表示："届时，我们对于隐私和共享的观念也将与时俱进。"

不过，也有专家表示，技术或许不会进步到如此夸张的程度。比如，尽管专家们估计，语音和触摸接口的性能会不断得到提升，但很少有人认为，在2025年，人脑能直接同计算机网络相连。其他专家的

建立物联网的生态系统

担忧则是：一个越来越技术化的社会将出现很多复杂且难以解决的问题。互联网社会学家、作家霍华德·莱因戈尔德直言："我们将生活在这样一个世界内，其中很多事情不知道从何而起，也不知道如何解决。"也有人担心，机器与机器（M2M）之间直接交流这种通讯方式会变得越来越常见，有可能让人类出局。

另外，尽管社会联系会变得越来越虚拟化，但仍然会有人无法上网，或者仅仅只是选择不上网，这就会造成数字鸿沟。而且，有些有野心的人可能会利用物联网为自己谋取私利。

安德森说，技术会给人类带来福祉，也会给人类带来灾难，但从历史的角度来看，如果一项技术（设备或者产品）很容易获得，人们就会接纳它。我们不是总能很好地预测未来会发生什么事情，但不管怎样，预测本身就是一件有趣的事情。想必大多数组织的安全机构都不太可能把冰箱列在注意事项当中。然而今时不同往日——就在2013年年初，有消息称接入互联网的智能冰箱沦为僵尸网络中的肉鸡并发送大量垃圾邮件，一石激起千层浪。

这一事件证明即便是家用电器，如果缺乏必要的安全保护，在接入互联网后同样有可能引发安全问题。专家预计，在未来几年中，将有数十甚至上百亿台设备以类似的方式接入互联网，这就是所谓的物联网浪潮。物联网的到来到底是一场生活方式变革还是网络安全的末日？答案仁者见仁智者见智。无论如何，它的出现已经颠覆了我们对于互联网以及网络世界的认知。

下面，我们将具体探讨物联网威胁企业安全的六种方式。

第一种方式：物联网将带来数十亿非安全终端。研究机构对于2020年接入互联网设备(或者称为"物")的数量存在显著分歧。Gartner

给出的答案是260亿台，IDC则认为届时将有2120亿台设备接入互联网。无论哪个数字更接近事实，可以肯定的是，到时候大量具备IP功能的设备最终会找到入侵企业网络的方式。这样的例子不胜枚举，包括智能取暖与照明系统、智能仪表、设备维护与监测传感器、工业机器人、资产追踪系统、智能零售货架、工厂控制系统以及智能手机、眼镜等都有可能成为入侵设备。这其中，大部分产品属于消费级设备，还有一些则属于添加了网络联接功能的传感装置。且其中大多数设备并不具备对抗常见网络攻击的保护机制，而IT部门长久以来习以为常的操作系统、固件以及补丁维护方案在这里毫无用处。

从本质上讲，物联网相当于新增了数十亿个非安全终端，这些具备IP联接功能的设备将引发新型的攻击方式，从而攻破设备并取得企业网络的访问权限。虽然有观点认为，企业自身可以通过严格把控消费级设备的接入，保证企业网络的安全，但这显然并不现实。

企业必须认清现实，即薄弱环节已经客观存在，并就此作出反应。这并不是鼓励企业放弃防线，而是说我们应当假设攻击者已经成功进入企业内部网络，再以此为前提部署防御战略。

第二种方式：物联网将构建起异构、嵌入式设备的世界。物联网世界中，大多数"物"都将以内嵌应用程序的电器或设备的形式出现。这样一来，物联网与传统IT架构中分层的软件模式将完全不同，IT安全机构也并不熟悉这种模式。

未来，物联网世界中将同时使用多种不同类型的通信协议。除了TCP/IP、802.11以及HTML 5之外，IT组织还将面对包括Zigbee、WebHooks以及IoT6在内的多种新型协议。而且与以往2~3年的常规IT生命周期不同，物联网的普及将使IT生命周期扩展至短到几个月、长

建立物联网的生态系统

达万火急0年以上的广泛区间。物联网世界中的各类终端所使用的嵌入式系统在管理与安全保护方面完全不同于PC及服务器中传统的分层软件模式,而这将给现有IT管理及安全审查机制带来重大挑战。

第三种方式:物联网将不可避免地与企业网络对接。正如根本不存在真正独立的工业控制网络一样,物联网世界中也不存在能够与之完全隔离的企业网络。无论采取怎样的网络分割与隔离技术,物联网最终仍然会通过互联网与企业网络对接,这些接口将成为恶意攻击的主要目标。

物联网将无所不在、无所不通,其中也包括企业网络。如今企业用户已经能够通过BYOD的方式直接访问云资源,而无需通过企业网络作为中转路径。而物联网的出现将加剧这一事态,届时IT部门在试图控制各种设备访问保存在内部或者云端的业务数据时,将面临极度混乱的局面。

物联网与企业网络难以区隔。一旦各类物联网终端被攻破,企业网络将同样面临巨大的风险。

第四种方式:物联网将危及物理设备和生命安全。除了给在线数据带来威胁外,物联网的普及同样会给物理设备乃至生理层面带来风险。黑客们已经证实了具备IP功能的胰岛素泵、血糖监测仪以及心脏起搏器有可能遭遇安全攻击,这将直接导致设备使用者遭受生理损伤。随着物联网的兴起,此类攻击还可能指向汽车、智能采暖、通风与空调系统、具备网络功能的复印机、打印机、扫描仪乃至几乎所有使用IP地址的设备。

一般情况下,黑客们甚至不需要利用设备中的软件及硬件漏洞。而这意味着企业将面临极其危险的局面,因为这其中的每一套IP地址配置方案都有出现错误的风险。

第五种方式：物联网将构建新的供应链。大量接入企业网络的设备很快将成为IT安全部门的管理对象，然而可怕的是这些部门对此并不熟悉。

与BYOD类似，传统企业需要就此制定并开发相应的策略与管理系统，并利用这套体系管理一个规模庞大的设备群体。除了员工自带的物理设备、虚拟办公环境内的新型设备之外，传统非联接型设备(从咖啡机到新型人体工程椅)都将转向智能化，并成为IT部门的维护对象。要想在物联网世界中取得成功，厂商必须能够帮助企业用户管理新型IP设备与企业网络之间复杂的依存关系。这其中，掌握复杂技术整合与管理经验的企业最有可能在物联网大潮中取得成功，而现有安全服务商则应该集中资源、通力合作、完善解决方案，只有这样才有机会与系统集成商一较高下。

第六种方式：物联网将导致网络攻击规模、隐匿性及持久性显著提升。至少从理论上讲，完全互联网化所带来的威胁与大部分IT组织目前面临的状况并无太大区别。很多企业已经适应了由智能手机、平板电脑以及其他具备无线联接功能的设备所带来的挑战。唯一的区别在于，物联网所带来的安全威胁规模更庞大、范围也更加广泛。

物联网涵盖每一台接入互联网的设备，其中包括各类家庭自动化产品，例如智能温控装置、安保摄像机、冰箱等，此外工业控制机械与智能化零售货架也将逐渐走入我们的生活。

如此多的设备必然会带来严峻的挑战。挑战的核心在于攻击活动的规模、隐匿性以及持久性。当前情况下，攻击者就能够相对轻松地渗透到企业防御体系当中。

建立物联网的生态系统

物联网的世界该如何联接

物联网并不是一个新产物，它是将我们已有的互联网技术和生活物品很好地融合，联接远距离、高效操作和使用身边事物的新桥梁。目前，物联网的优势已十分明显，它不仅仅解决了我们的日常生活问题，更是在传统产业掀起了翻天覆地的变化，融合着大数据与物联网技术的解决方案正在为这个世界创造新的价值。

2015年是物联网之年。微信正在把自己打造成一个联接的中枢，实现人与物的相连，产生新的消费和应用场景。例如，一家叫艾拉物联的公司，会打通微信用户与一家拉斯维加斯的酒店，不仅完成在微信上的酒店预订与支付，而且能用微信控制房间内的室温、照明、冰箱、窗帘、门锁等。

本来做硬件是一个非常艰苦的活儿，从2014年开始这个风向有了180度的转化。从智能硬件、从IOT（Internet of Things，物联网）开始给了整个投资界和资本市场很强的信息，也就是说智能硬件将不仅是硬件，将会是下一代移动互联网的入口，所以智能硬件就是下一代移动互联网。由中国医药工业信息中心撰写的《中国健康产业蓝皮书（2015版）》指出，融合和跨界已成为医疗健康行业增长的新趋势。

互联网医疗健康行业的融合和跨界已经更快更早地实现了。传统医疗行业所具备的低效率、多痛点、大空间、长尾特征是互联网进入的天然场景，"互联网+"浪潮席卷，重塑了传统医疗格局。

未来医疗行业首先将向智能化发展。"互联网+"对智慧医疗起到了助推的作用。随着移动互联网、大数据的快速发展，医疗的各个细分领域如诊断、监护、治疗等都将进入智能化时代。智慧医疗的发展将有效解决目前国内医疗管理系统不完善、医疗成本高、覆盖面窄等问题，营造一个新的生态环境，消除在应用推进中的壁垒。

智慧医疗是通过打造健康档案区域医疗信息平台，利用最先进的物联网技术，实现患者与医务人员、医疗机构、医疗设备之间的互动，逐步达到信息化。它涵盖了比较广泛的产业链，包括基础智能化的终端设备，例如智能血压计等常见多发病指标测量的终端设备，电子化数据指标分析的大数据平台，终端参与的专业化医疗机构或医生。在不久的将来，医疗行业将融入更多人工智慧、传感技术等高科技，使医疗服务走向真正意义的智能化，推动医疗事业的繁荣发展。在中国新医改的大背景下，智慧医疗正在走进寻常百姓的生活。

由于国内公共医疗管理系统的不完善，医疗成本高、渠道少、覆盖面窄等问题困扰着大众民生。随着医疗改革的深入开展，基层医院信息系统的普及建设和全面升级，大型医院的数字化医院建设，以及区域医疗信息平台在全国范围内的扩展和公共卫生信息系统建设的启动，都有望成为未来医疗行业信息化发展的主要驱动力，智慧医疗也将因此进入到高速发展阶段。未来移动医疗将成为医疗行业必争之地。移动互联网的应用，随着个人应用走进我们的生活，我们可以看到各种各样的应用在生活和工作中使用，如医疗APP在最近几年实现

建立物联网的生态系统

了井喷式增长。

时下移动医疗已经成为医疗领域、新医改的代名词，各种新闻铺天盖地，受资本追捧的好大夫、春雨、丁香园和挂号网的融资规模都有逐渐扩大之势，与此同时，传统互联网巨头BAT也纷纷开始布局。移动医疗企业融资案例也是过去几年里该领域融资案例数量总和的近3倍。《中国健康产业蓝皮书（2015版）》认为，较之医药行业，来自互联网领域内的企业对投资互联网医疗似乎更加主动，特别是以百度、阿里巴巴和腾讯为代表的互联网企业。移动互联网和大数据对于医疗和医药产业的颠覆性冲击将是未来医疗市场的一个主要趋势。

现在全球有60多个应用店的统计，里面有10万多个医疗应用的APP，包括养生、健身、医疗、健康宣传、健康教育、健康干预等方面的应用。到医院去看病，你走到医院门口，手机就会告诉医院你来了，按照手机的导向走到你所需要检查的地方，手机可以帮你把费用给交了，检查结果可以推送到你手机上。资金的大量涌入、智能终端的普及、人们对医疗服务多元化的更高要求等，推动着移动互联网医疗热潮的到来。远程医疗将成为互联网医疗下一个突破口。医疗的专业性强，在短短几分钟的就诊过程中，患者一般并不能完全理解专家的表达。但基层或下级医院的医生，则可以充当很好的"翻译"角色，这可以通过远程医疗来做到。"无疑，在远程医疗推动下，优质医疗资源突破区域分布限制，以网络数据形式重新配置，看病的繁、难、慢等难题得到大大缓解，按照病情轻重缓急的科学分诊也将成为现实，远程医疗甚至很可能成为下一步医改突破口。"一位专家表示。

互联网医疗是未来医疗健康服务业的必然趋势。中国医疗资源配置极度不合理，让本来就稀缺的医疗资源更加匮乏。医疗资源的紧缺性使得国内互联网医疗创新的市场空间巨大，医疗资源的紧缺使得患者、医院、医生等参与者痛点众多，而互联网正是解决这些痛点的契机。随着我国老龄化程度的加深，医疗服务市场的加大，以及互联网技术的发展，对于"互联网+医疗"方面的需求将会越来越大。"互联网+"，可以说是给医疗行业送来一股春风，在此背景下，无论是互联网企业跨界涉足传统医疗行业，还是传统医疗行业进行互联网化，都必须顺应时代的发展，真正实现互联网与医疗之间的融合和跨界。

物联网是一个比移动互联网更加复杂的生态系统。与目前手机是所有个人设备的中心不同，物联网的终端设备将会变得异常多样化，可能会达到数百万种；设备的数量也将远远超过智能手机。据《经济学人》的预测，到2020年，将会有500亿个智能设备，平均每人有7个智能设备；而到2025年，将达到1万亿个智能设备，城市地区每4平方米就会有一个智能设备——城市几乎完全被智能设备覆盖。从联网的复杂程度和产生的数据量来看，物联网比移动互联网再大10倍，并不夸张。尽管物联网听起来复杂，但其未来在于个人用户的体验。正如ARM创始人兼CTO Mike Muller所说："互联网提供了一种简洁之美：您可通过同一个网络浏览器找到并控制您的灯泡，而不必知道或在意正在使用的是 WiFi 还是 3G。网络浏览器不在意是需要一台还是数千台不同的服务器才能通过卫星、电缆或光纤联接到您。它也不关注旅程的终点是蓝牙还是 Zigbee。互联网之所以能够正常运作，就是因为协议和服务层掩盖了这些层下的复杂性。"

我在IDEAS会上看到这样一些初步实现"简洁之美"的公司：有眼镜式的头戴移动剧场，其视觉体验远远超出了剧场大片，具备了更加超强的现实感;而另外一家公司,则把芯片植入人体,实时获取具备临床价值的人体参数;一位中国设计师开始推出极度个性化的智能珠宝;还有中国大疆创新这样把无人机上获取的图片进行社交分享。在工业领域,有实现人手般轻柔灵巧抓取的机器人。下一代的互联网,也许还包括人联网(Internet of Human, IOH)。人体本身是一个巨大的数据库,而即人与人之间"正常"的交往之外,还会通过人体内的传感器传递实时数据,实现健康等方面的应用。

物联网已经存在于我们的生活之中,但如果真正迎来互联网时代,还要克服几大挑战。正如Muller指出的,"物联网允许任意设备在任意位置加入并将所有设备联接在一起,但困难的是使这项工作对于用户而言能够尽可能得简单、方便、流畅,就像当今网页与设备的交互那样。"目前,设备、应用与服务完美结合的产品尚少。

与言必称大数据不同,物联网必须建立坚实的小数据基础,才能有大数据的应用。优秀的产品会产生有价值的数据,但这些数据都是锁在"信息孤岛"中的小数据。如何让服务商之间的数据可以共享,保证数据的安全、个人隐私的保护,在信任的基础上建立大数据的服务,仍然有一段很长的路要走。

许多人都在讲IOT领域会再造几个BAT,或者再造100家小米。但物联网时代的商业模式,可能与目前的互联网公司完全不一样。据科技咨询机构高德纳的观察,到2018年,物联网一半的解决方案将由成立不到3年的公司来提供。

高能效的传感器和控制器无处不在,物联网直接嵌入到消费者最终的行为中,未来设备本身将成为服务的一部分,正如目前运营商补贴用户购买手机一样,会越来越普遍。如果把汽车看成是物联网设备，Uber的崛起，很大程度上象征了年轻一代的用户更看重便捷的交通而不是拥有汽车。

物联网将会进一步推动"分享经济"的深化，对于用户来说，使用比拥有更重要。实时的数据对需求高度响应，拥有硬件——从房子到汽车——更多是为了使用服务，所以未来最基本的消费模式，要么是用户租用硬件获取服务，要么是服务商补贴硬件出售服务。

第三章
推动物联网发展的技术性革命

信息技术为所有产品带来革命性巨变。原先单纯由机械和电子部件组成的产品，现在已进化为各种复杂的系统。硬件、传感器、数据储存装置、微处理器和软件，它们以多种多样的方式组成新产品。借助计算能力和装置迷你化技术的重大突破，这些"智能互联产品"将开启一个企业竞争的新时代。

推动物联网发展的技术性革命

巅覆性技术革命

　　物联网是一个完全的概念，描述了一个相互联系的世界。这是一个世界，每一个形状和大小的设备制造与"智能"功能，允许它们与其他设备进行交流和互动、交换数据，根据预设条件自主决策和执行有用的任务。物联网会对价值链产生非常深刻的影响。产品是按照价值链走向来贯穿流通的，但产品本身缺乏与价值链互动关联的能力。但如今，智能互联产品具备了自主反馈的互动功能，它们不仅可以向制造商的工程师、厂商反馈数据和信息，使工程师知道产品运行的怎么样、哪些地方需要进一步改善；也可以向销售部门、营销部门反馈数据，让他们知道消费者是如何使用产品的，并获知产品升级换代的可能性，以便销售更优良的产品。

　　售后服务部门更是受益良多，他们可以知道产品什么地方发生了故障，甚至提前进行处理。所以，我们可以看到，物联网可以对产品的设计开发、销售、营销、售后等各个环节产生深刻影响。

　　在过去50年间，IT技术曾引发了两次浪潮，深刻影响了企业竞争和战略。如今我们正站在第三波竞争变革的边缘。在现代信息技术出现之前，产品是机械结构的，价值链中的生产活动通过手工操作、纸笔计算和口头沟通完成。在20世纪60年代到70年代之间，IT技术的第一波浪潮来临。价值链中的个人生产活动，从订单处理到账单支付，从计算机辅助设计到生产资料规划都逐渐实现了自动化（参见《信息如何带来竞争优势》，迈克尔·波特、维克多·米勒VictorMillar，《哈佛商业评论》1985年7月）。生产活动的效率随之大大提高，部分原因是由于生产活动中的数据可以被捕捉和分析，这引发了企业生产流程的标准化革命。自此，抓住IT技术的运营优势，同时保持独特的战略优势成为每家企业必须面对的两难困境。

在20世纪80年代和90年代，价格低廉、无处不在的互联网兴起，引发了IT技术的第二波浪潮（见《战略与互联网》，迈克尔·波特，《哈佛商业评论》，2001年3月）。

互联网的出现，实现了个体生产活动与外部供应商、渠道和客户之间跨地域的协调与整合。企业甚至可以对全球的供应链系统进行紧密整合。前两次浪潮促成了巨大的生产率提升和经济发展。在这两次浪潮中，价值链发生了变化，但产品本身并没有受到深刻的冲击。

在现今的第三波浪潮中，IT技术正成为产品本身不可分割的一部分。新一代产品内置传感器、处理器和软件，并与互联网相联，同时产品数据和应用程序在产品云中储存并运行，海量产品运行数据让产品的功能和效能都大大提升。

这些新产品将大大提升经济生产效率。生产这些产品需要全新的设计、营销、制造和售后服务流程，同时新的生产环节，例如数据分析和安全服务将会诞生，这将重塑现有的价值链，进而引发生产效率的再次大规模提升。因此，第三次浪潮的规模有可能超越前两次，激发更多创新，实现更大的生产率提升和经济发展。有人预言物联网将会"改变一切",这种断言过于武断。如同互联网的出现,智能互联产品代表一系列新的技术可能。然而,竞争和竞争优势理论并未随之发生变化。要抓住智能互联产品的浪潮,公司要更好地理解这些竞争规则。应该明确的是,我们通常说的"新技术革命",相当于"破坏性技术创新"或"颠覆性技术创新"。

过去的科技进步实际上只有少数技术进步属于颠覆性技术创新,更多的属于延续性技术创新。但现在由于网络型技术创新生态的出现,颠覆性技术创新将大量涌现。

麦肯锡国际研究院(MGI)预测了技术进步的经济前景和破坏能力,认为"破坏性技术"或"颠覆性技术"应该具有以下四个特点:第一,技术发展速度快、创新快;第二,未来影响力空前,会产生一些根本性的变化;第三,对经济产生重要影响;第四,具有破坏经济结构的潜力。

2013年5月,麦肯锡发布了研究报告《12项颠覆性技术引领全球经济变革》,根据到2025年每年能够实现的经济效益排序,这12项颠覆性技术依次为:移动互联网、知识工作自动化、物联网、云计算、先进机器人、智能驾驶、下一代基因组、储能技术、3D打印、先进材料、先进油气勘探与回填、可再生能源。

"维持性技术创新"着眼的是既有应用和市场需求,强调的是对现有的产品、服务、技术及管理方式的改进,目的是为消费者提供更高品质的产品与服务。如100年的不断创新,打造出了一把最锋利的"瑞士军刀","破坏性技术创新"是用新的更优秀的产品和服务替代原有的产品与服务,如短信服务让BP机退出历史舞台,传真机使电报走向衰亡。

"维持性技术创新"的目的是保持既定的市场规则和商业模式，强化现有的市场格局和公司地位，主要被行业及细分市场的主导者或既得利益者所采用。"破坏性技术创新"的目的在于打破既定的规则和商业模式，试图推翻现有的势力平衡，改变竞争格局，以争取更有利的市场位置，甚至取代行业龙头地位，往往被有着远大抱负的后来者或者意欲强行侵入该行业的外来者所采用。如光盘驱动器取代了磁盘驱动器，移动电话替代固定电话，这是破坏性技术或产品的创新；而Google高度精准搜索广告瓦解门户网站完整的在线广告业务，则是破坏性的商业模式创新。

颠覆性技术创新往往因企业成长的不同阶段而发生变化。一般来说，当企业处于创业期时，其技术创新基本上是颠覆性的；当进入成长期后，其技术创新就以维持性为主、破坏性为辅，产品创新和商业模式创新也是维持性的；进入成熟期后，其技术创新由维持性开始转向破坏性，但产品创新和商业模式创新总体上还是维持性的；进入衰退期后，没有破坏性的创新就不可能再继续发展，所以此阶段的技术创新、产品创新和商业模式创新都是破坏性的。

我们以芬兰的造纸业为例，可以看出颠覆性技术创新带来的好处。芬兰的人口只有500多万，但是国土面积很大、森林很多，尤其是与俄罗斯交界地带的森林更多。因此，芬兰的森林制品、纸浆和造纸等，在出口产品中占很大的比重。芬兰制造产品的40％是出口的（目前浙江制造产品的出口比重在20％左右）；在芬兰的出口产品中有一半是纸浆和纸制品。在20世纪七八十年代，造纸行业对芬兰环境造成严重污染。但他们依靠造纸装备的转型升级，加大科技投入，实现网络化及智能化的生产方式、可视化的检测与零排放的污染处理方式，使造纸装备产业和造纸行业获得了新生。

现在,芬兰的造纸、纸浆以及网络造纸装备等仍保持着大量出口,很有竞争力,但没有产生污染。这说明只有改变污染的制造方式,才可以出现没有污染的制造产业。

维持性技术创新微笑曲线的左边是研发设计,右边是销售,中间是制造;主要的增加值是在左右两端,中间的制造环节相对比较低。当物联网颠覆性技术创新出现以后,微笑曲线是不是会发生变化?这是一个值得探讨的问题。

当物联网颠覆性技术创新出现以后,将会出现四种变化:

第一,维持性(完善性)技术创新,其制造部分增加值的微笑曲线底点在横坐标线上;在物联网颠覆性技术创新后,制造业增加值曲线发生了变化,底点不在横坐标线上了,因为装备终端的网络与智能化把它拉高了,形成了"装备+电子+软件"的增值;物联网微笑曲线底点离横坐标线的高差,主要取决于装备网络化与智能化的水平。

第二,在物联网颠覆性技术创新时,业务操作系统软件的开发,产生了新的增值。

第三,在物联网颠覆性技术创新时,出现了"工程总承包"的"工程设计+工程施工+……"的商业模式,它也推高了"工程设计+工程施工+……"区间的附加值曲线,其商业模式是"交钥匙工程",所以它产生了"工程总包的增加值"。

第四,物联网的运维服务长承包的商业模式,其曲线延长了"全产品的生命周期",产生了运维服务的增加值,使增加值的微笑曲线加以伸展上升。

1.多种技术优化集成利用

最典型是乔布斯的苹果智能手机,从单项技术来看,好像并没有新的突破性的技术;但是苹果是将多项新技术巧妙地组合在一部手机里面,这就诞生了客户可以凭借互联网不断下载软件的"智能手机"。这使得手机这个装备的功能通过下载新的软件不断"升级",产生了苹果智能手机对其他一般手机市场的颠覆性效果。

2. 协同创新

物联网是一个业务创新体系。只有做强每项业务的"每个链条环节",才能做强业务链。因此,要加强每一个链条之间的"协同创新";任何一个链条的"短板",都将削弱整个业务体系的竞争力。因此,做强业务体系的"协同创新",是物联网产业的内在要求。物联网的业务体系,就是包括业务专有云、专用网、业务操作系统软件、业务智能终端在内的一个体系。例如,"智慧安居",就是包括安居专有云、安居专用网、安居业务操作系统软件、智能安防终端设备等在内的体系,缺一不可,存在任一个"短板"都不行。

加强物联网业务体系的"协同创新",原理同做强产业链的"协同创新"一样,要把握好以下三点:

(1) 必须有具体的目标。这个目标一般要具体到网络与智能化的产品或者是网络化、智能化、绿色化的装备,或者专项物联网的具体业务系统软件。例如,浙江省在2013年以来开展的"纯电动汽车"产业技术创新综合试点,就是以开发市场适用的、经济性价比高的"纯电动汽车"作为具体的总目标。

(2) 要有明确的任务细分,并找到愿意且有能力承担细分任务的企业。例如,浙江省开展的"纯电动汽车"产业技术创新试点,就明确了攻破"电池隔膜以替代进口"、汽车动力电池、汽车电子、汽车电机、汽车电控软件、智能充配电产品、快捷电池充电服务、电动公交节能空调、智能行车安全保障、车联网运行服务与安全监控等多项需技术突破的任务,并且已把大部分任务分解到愿意且有能力承担的企业。找准做强产业链需突破"短板"的细分任务,找准能完成技术创新任务的企业,是一项费心费神的工作。

（3）要建立"技术协同创新的合作机制"。建立产业技术创新联盟,固然也是一种方式,但我们经过调研发现,由于没有"技术协同创新的合作机制",许多产业技术创新联盟并没有发挥预期的作用。2013年以来,浙江省还在光伏装备、现代物流装备、船舶装备、智能纺织印染装备、环保装备、现代农业装备、"智慧医疗"等领域开展了"建立不同企业之间的产业技术协同创新合作机制"的探索,其主要的构成是：第一,对参与产业技术创新的每个企业规定明确的技术创新任务与完成时限,以签订"责任合同"的方式进行保障,并明确违约的追究办法。第二,对于参与产业协同创新的不同企业的任务协调、进度协调,也主要通过"合同契约"的方式来保障。第三,对于参与产业协同创新的组织协调与工作协调,通过建立企业间的定期交流、签署共同协议或备忘录的机制来确认。第四,对于企业间技术创新的协同,还要通过建立省级部门的"一家牵头、多家部门参与的合作服务"促进机制,省、市、县的联合服务与督查机制来推动,当然,关键是要认真落实到位。

上述四点是加强物联网业务体系协同创新、产业技术协同创新体制建设要解决的基本问题。浙江省已在电动汽车产业链与应用链方面、光伏发电装备产业链与输配电局域网等方面进行了尝试,取得了初步成效。建立技术协同创新的合作体制,是科技体制改革的重要任务，是加快物联网产业发展必须完成的体制创新，意义十分重大。

　　物联网的颠覆性技术创新，带来了市场的替代性颠覆、制造方式的颠覆、对原有的数字中心的颠覆。颠覆性技术创新，颠覆的不只是技术，而是对产品、装备与制造方式的大面积的替代，这种替代虽然有个逐步发展演变的过程，但其产生"产品换代、机器换人、制造换法、商业换型、管理换脑（云脑替代人脑）"的变化可能是难以逆转的。颠覆性技术创新包括两个方面：一是产品性的颠覆性技术创新，包括装备与服务；二是产业性的颠覆性技术创新，这就是现在学界热议的第三次工业革命或第四次工业革命。因此，颠覆性技术创新的实质是产品、装备与服务的一种创新，是颠覆原有加工方式、制造方式的一种创新。

　　这个概念最早由《创新者的窘境》一书的作者——克里斯坦森提出。他当时提出的概念是破坏性技术和延续性技术。所谓破坏性技术是指对原有技术的使用模式产生了破坏性的结果，主要是出现的新产品、新装备替代老产品、老装备；或者生产新产品、新装备的企业取代了生产原有产品、装备的企业，产生了破坏性的结果；所谓延续性技术则是指，渐进性的创新，是对原有产品与装备进行完善性质的技术创新。破坏性的技术创新的效果是"替代"，延续性技术创新的效果是"完善"。克里斯坦森试图证明，新兴公司如果掌握了某种能打破现有生产方式的技术新发明，就可以打败世界上任何一家大公司。比如20世纪70年代发明微处理器的英特尔公司、20世纪90年代掌握重新利用金属废料方法的纽科公司都证明了这一点。

　　（一）物联网技术的创新与应用，带来了"网络智能产品、网络智能成套装备"的颠覆性大面积的逐步换代正像网络音乐替代汽车音响一样，"网控空调"必然很快替代室内遥控方式的空调。这种颠覆性技术带来的产品装备的大面积换代将在今后三五年内渐次发生，并产生巨大的市场冲击。因为无论是技术还是市场，都会促进其发展步伐。这种物联网技术的大面积的逐步换代，特点就是网络化以及智能化、绿色化，其实现途径主要有三种：一是专用电子产品与传统产品、装备的组合，大面积地为传统产品、传统装备装上传感器、芯片、嵌入式软件等；二是网络化的操作软件与成套装备的组合，包括与工业机器手等机器人的组合，推动了"硬件+软件"的服务型装备的发展；三是工业设计、创新设计的发展，使专用电子产品与传统产品的"一体化"组合得更加完美，使网络软件与成套装备组合得更加和谐。

（二）物联网技术带来的"机器换人"、物联网工厂，"绿色、安全、节约"的制造方式将替代"污染、危险、浪费"的制造方式

物联网制造是现代方式的制造，将逐步颠覆人工制造、半机械化制造与纯机械化制造等现有的制造方式，最终使现有的制造方式退出历史舞台，这就是国内外学界关于第三次工业革命越来越统一的看法。同时，大面积雾霾等污染危害，使得这种绿色制造、安全制造、节约制造的方式将越来越受到重视生态环境、健康安全、和谐发展的各界人士的欢迎，形成众望所归的社会合力。

物联网技术将带来"三大改变"：一是出现无操作人员的车间、无操作人员的工厂。这样的企业，将不再有影响操作人员健康与安全的工种，甚至没有蓝领工人、灰领工人，而代之以"白领工人"。白领工人的工种名称可以是"应用工程师"或"监控工程师"，"白领工人"的工作与社会地位将会更有尊严；二是"零排放"生产。物联

网时代，整个生产过程将是精准投料、优质加工、在线检测、废料（水、气、热）复用、"零排放"管控的过程，真正实现绿色与节约型的制造；三是高水平的安全防控。制造企业对每套装置、每个环节都进行网络化、智能化管控，形成了系统的安全生产监管体系。每个生产环节、每个加工步骤都纳入数字化管理、云计算服务、可视化监控、实时性调节、快捷型应对，从而确保生产安全。因此，德国等一些国家在进行新的工业革命部署时，为了改变城市拥堵程度、方便工人上班，做出了"工厂留在城市"与"工厂重返城市"的安排。过去城市的"退二进三"的理念正在改变，高端制造的都市工业与宜居相结合的新型城市生态可望逐步形成。

（三）实施对分布式小云的再云化发展战略，加速了对传统数字中心的颠覆

实现可行的分布式小云再云化发展，主要是要把握三条原则：

一是坚持物联网应用产业要技术、业务、质量服务的过程管理一起抓。从技术层面来讲，要把专项业务的云、管（网）、端的技术创新一起抓，尤其是要加强局域专用业务物联网的建设。从业务层面来讲，要加强基于专有云的业务操作系统软件的开发。从管理层面来讲，就是要加强保障服务质量、服务安全、客户权益与秘密的制度建设、组织建设，落实各项有效的管理措施，要以高质量、高品质的云服务，稳扎稳打地开发云服务市场，提供可体验的业务示范，打响服务质量的品牌，防止低水平开发、欺诈客户等市场开发行为。要实施云服务公司的准入制度，推广标准化的购买云服务合同，开展竞争性的云服务公司的评价，建立第三方评估结果公开排序制度，提升优秀云服务公司在市场客户心目中的形象，促进云服务公司的优胜劣汰，

推动物联网发展的技术性革命

营造购买云服务健康消费的市场环境。

二是鼓励云服务商务模式创新。支持农业云服务工程公司、工业云服务工程公司、学校云服务工程公司、城市公共服务云服务工程公司的发展。要通过培育农业云服务工程公司、工业云服务工程公司、学校云服务工程公司、智慧城市云服务工程公司，抢抓物联网产业的机遇，加快"机器换人"、农业现代化、教育现代化、城市公共服务现代化的步伐。

三是鼓励通过专业物联网市场的开发，打造上规模的云服务公司。农业、工业、学校的云服务工程公司，对每个农业企业、工厂、学校、城市政府的客户都要力求承担云、管（网）、端业务的总承包、长承包；对自身的公司要专注专项业务的特色发展。如学校云服务工程公司，如果选择做小学的就专注做小学业务，如果选择做中学的就专注做中学业务，这样才能培育技术加业务的复合优势。例如，中学教育有地理课，当讲太阳、地球、月亮之间的空间位置关系时，可以通过开发多媒体模拟模型来教学。这种业务型的教育工具开发，只有专注于业务与技术结合的云服务公司才能做得更好。要加快百、千、万同一类客户市场的规模开发，如果一个农业云服务公司承接了百家、千家、万家农业种养企业的总承包、长承包，工业与学校的云服务工程公司也一样采用这种针对专门客户的发展战略，有一天就可对长承包的百、千、万家的小客户云进行再云化的提升；同时，这些客户本来就由自己的公司总承包、长承包，规模化的再云化并不难，分布性小云经过统一再云化之后，规模化的大中型的农业云、工业云、学校云、城市云公司就可以顺利产生。

智能互联网技术的产生

智能互联产品不但性能更强、可靠性更佳、利用率更高,而且能提供跨界乃至超越传统产品的新功能,它们带来的机遇将帮助企业实现指数级增长。这些截然不同的产品将颠覆现有的企业价值链,迫使企业重新思考自身的方方面面,甚至重构组织架构。智能互联产品还将改变现有的产业结构和竞争本质,但在带来新机遇的同时,也将企业暴露在新威胁之下。现有行业版图将被重塑,全新行业将会诞生,智能互联产品将迫使很多公司自问一个最基本的问题:"我们从事的业务到底是什么?"智能互联产品包含3个核心元素:物理部件、智能部件和联接部件。智能部件能加强物理部件的功能和价值,而联接部件进一步强化智能部件的功能和价值,并让部分价值和功能脱离物理产品本身存在,这就使得价值提升形成了良性循环。

物理部件包含产品的机械和电子零件。以汽车为例,物理部件包含引擎、轮胎和电池;智能部件包含传感器、微处理器、数据存储装置、控制装置和软件,此外还有内置操作和用户界面。还以汽车为例,智能部件包含引擎控制单元、防抱死智能系统、雨水感应自动雨刷器和触摸显示屏。在很多产品中,软件可以替代部分物理配件,或者使一个物理装置在不同条件下运行。联接部件包含接口、天线以及有线或无线联接协议。产品联接的形式主要有以下3种：

一对一：一件单独的产品通过接口或交互界面与用户、制造商或其他产品联接。例如，一辆汽车与故障诊断装置联接。

一对多：一个中央系统与多件产品进行持续性或周期性的联接。例如，多辆特斯拉汽车与统一的制造商系统联接。系统可以检测汽车的运行状况，对汽车提供远程服务和软件升级。

多对多：多个产品与其他类型的产品或外部数据源联接。举例来说，不同的农机设备相互联接，同时可以接收地理定位数据，从而协调并优化农业生产。例如自动旋耕机可以在精确的深度和间隔施放氮肥，而播种机随后将玉米种直接播种到田地中。

产品联接有两个目的。首先，信息可以在产品、运行系统、制造商和用户之间联通；其次，通过联接，产品的某些功能可以脱离物理装置，在所谓的"产品"云中存在；例如博士（BOSE）推出的Wi-Fi音响，通过智能手机App，用户可以将网络上的音乐直接传送给音响系统。要保证完成联接，上述三种联接形式缺一不可。

智能互联产品正在各个制造领域涌现。在重工业领域，施耐德的PORT技术最多可将电梯等待时间缩短50%。该技术可以判断电梯的使用状态，计算到达目的楼层的最快时间，并指派最合适的轿厢快速运送客人。

在能源领域，ABB公司的智能电网可以对发电、变压和输电设备产生的大量数据进行分析，例如变压器和次级变电站的温度变化。公共设施可以通过这些数据预测可能的过载现象，在断电前及时调整。

在消费电子领域，BigAss智能电扇可以侦测有人进入房间并自动打开，而且可以根据温度和湿度调节电扇转速。此外，电扇可以记录用户的偏好，并进行相应的调整。

如今各个技术领域都取得了突破性发展：传感器和电池在性能、迷你化和能源效率上的提高；高度集成且低功耗的处理器和数据存储装置（微型计算机放入产品之中成为可能）；价格低廉的网络接口和无线联接；快速软件开发工具；大数据分析技术；新的IPv6互联网地址注册系统给物联网预留了340万亿个新网址（新协议不但提供更高的安全性，让产品更方便地与网络联接；更支持产品在没有IT支持下自动获取地址）。这些创新相互融合，使智能互联产品的技术可行性和经济可行性均大幅提升，第三次浪潮正呼之欲出。

要抓住智能互联产品的浪潮，企业需要建立一套全新的技术基础设施，我们称之为"技术架构"，它包含三个水平层级：

（1）产品内置的硬件、软件应用和操作系统；

（2）用于互联的网络通讯系统以及产品云（软件运行在自己的或第三方服务器上），这又包含产品数据库、软件应用开放平台、规则引擎和分析平台以及脱离产品运行的智能应用；

（3）纵贯水平层的是垂直层技术，它们包括身份认证和安全架构；获取外部数据的接口和与其他业务系统联接的工具（例如ERP和CRM系统）。

有了这些技术，企业不但能实现快速的应用操作和开发，更能收集、分析和分享产品内外各个环节产生的大量数据。要建立并支持这样的技术架构，企业需要大量投资并获取新的能力，例如软件开发、系统工程设计、数据分析以及网络安全技术，掌握上述能力的传统制造企业可谓凤毛麟角。

推动物联网发展的技术性革命

智能互联产品能做什么？"智能"和"互联"将赋予产品一系列新的功能和能力，主要分为4类：监测、控制、优化和自动。理论上，一个产品可兼具上述四类功能，每一类功能都有自身意义，并为下一阶段的功能打好基础。例如监测功能是控制、优化和自动的基础。要实现客户价值和战略定位，公司必需选择要发展的产品功能。

我们对每一类功能进行分析，首先是监测。通过传感器和外部数据源，智能互联产品能对产品的状态、运行和外部环境进行全面监测。在数据的帮助下，一旦环境和运行状态发生变化，产品就会向用户或相关方发出警告。监测功能还能让公司或客户追踪产品的运行状态和历史，更好地了解产品的使用状况。监测数据对产品设计（减少过度开发）、市场分层（通过分析和使用模式对客户进行分类）和售后服务（更准确地诊断故障部件，提高首次修复率）都有极重要的意义。此外，这些数据还可以减少售后服务纠纷；此外，通过发现产能饱和以及产品利用率过高等现象，公司得以开拓新的商机。

在一些产品中，例如医疗仪器，监测功能是产品价值的核心要素。美敦力公司（Medtronic）的数字血糖仪通过植入患者皮下的传感器，可以测量组织液中的血糖水平，并可通过无线联接向患者或医生发出警告。在患者血糖达到危险水平前，血糖仪可以提前最多30分钟发出警告，让患者接受及时的治疗。有时，监测功能可以在远距离跨越多个产品。久益环球（JoyGlobal）是全球领先的采矿设备制造商，它可以对所有深入地底的采矿设备进行监控，包括运行环境、安全仪表和预防性服务指示器等。同时还可以同时监控不同国家、不同地区中设备的运营状况，以作基准测试之用。

控制。人们可以通过产品内置或产品云中的命令和算法进行远程控制。算法可以让产品对条件和环境的特定变化做出反应。例如当压力过高时，自动关闭阀门；当车库流量表达到一定级别时，打开指示灯。通过内置或云搭载的软件对产品进行控制，产品可以实现高度定制化，这在以前成本很高或难以实现。如今用户可以通过多种新的方式控制或定制与产品的互动。例如飞利浦照明的多彩灯，用户可以通过智能手机进行开关，还可以设置程序，当有人闯入时发出红色闪光。Doorbot门禁系统可以让用户用智能手机对访客进行扫描，远距离控制房门的开关。

优化。有了丰富的监测数据流和控制产品运行的能力，公司就可以用多种方法优化产品，过去这些方法大多无法实现。我们可以对实时数据或历史记录进行分析，植入算法，从而大幅提高产品的产出比、利用率和生产效率。以风力发电涡轮为例，内置的微型控制器可以在每一次旋转中控制扇叶的角度，从而最大限度捕捉风能。人们还可以控制每一台涡轮，在能效最大化的同时，减少对邻近涡轮的影响。

此外，基于实时监测数据和控制功能，公司可以在故障发生前提供维护，远程完成服务，这样不仅缩短了产品停机时间，更省去了派遣维修人员的成本。即便需要实地修理，这些产品也可以提供维修信息，包括哪些部分受损，需要的部件以及修理的方法，这降低了维修成本，提高了一次修复率。迪堡公司（Diebold）能检测多台自动取款机的使用状况。一旦侦测到早期故障预警信号，公司就会对取款机的状态进行评估，进行远程修理。如果需要实地修理，公司会向维修人员提供详细的故障诊断，维修流程建议和需要替换的部件。和其他智能互联产品一样，公司的自动取款机也可以通过升级来提升性能，通

推动物联网发展的技术性革命

常升级都是通过远程软件更新完成。

自动。将检测、控制和优化功能融合到一起，产品就能实现前所未有的自动化程度。最简单的产品有iRobot公司的真空扫地机器人Roomba，它内置软件和传感器，能对不同结构的地面进行扫描和清扫。更先进的产品则具备学习能力，能根据周边环境分析产品的服务需求，并根据用户的偏好调整。自动功能不仅能减少产品对人工操作的依赖，更能实现偏远地区的远程作业，提升危险环境下的工作安全性。

此外，自动产品还能和其他产品或系统配合。随着越来越多的产品实现互联，这些功能的价值将呈指数级增长。例如，随着智能电表入网数量增多，电网的能效就可不断提高，发电厂就能更好地了解用户的用电习惯，并随之调整、优化。

基于自身运行以及周边环境（包括系统中其他的产品）数据，以及与其他产品的沟通能力，产品最终将实现完全自动运行。操作人员只需要检测成果或整个系统，不必再关注单个产品。久益公司的Longwall采矿系统就可以实现地底自动化运行，位于地表的控制中心只需进行远程监测。系统对设备的运行和故障进行持续性监控，只在发生故障时派技术人员到地下进行修理。

在智能互联产品时代，如何创造和捕捉价值？产品产生的（高度敏感的）海量数据应该如何利用和管理？如何改进与传统业务伙伴，例如渠道商之间的关系？随着行业边界的极大拓展，公司在其中应该扮演什么样的角色？企业将面临上述一系列新的战略抉择。

随着智能互联产品数量不断增多，为了阐释随之而来的新机遇，"物联网"一词应运而生。但它的诞生无助于我们理解这一现象及其影响。无论是涉及物或人,互联始终是一种传递信息的机制。智能互联产品的独特之处不在于互联,而在于"物",正是产品的新能力其产生的数据将开创一个新的竞争时代。因此,企业不应再局限于技术本身,而应聚焦于竞争本质的变化。

推动物联网发展的技术性革命

重塑行业架构

克里斯坦森在《创新者的窘境》一书中曾经预言,"互联网已逐渐发展为一种基础性技术,并将使颠覆许多行业成为可能。"对于移动互联网、物联网将以颠覆性技术的面貌登上产业变革的历史大舞台的观点,越来越多地得到学界、业界的认同。同时,不少专家认为,由于物联网对于工业制造业多样化的适应、多层次水平的灵活应用,因此颠覆的作用就会更大、更惊人。

美国思科公司发布的《迎接万物互联时代》白皮书认为,"在全球1.5万亿个事物中,仍有99.4%尚未联入互联网(目前只有100亿个事物联入),有朝一日它们将成为万物互联的一部分。"2016~2022年,万物互联对全球企业的潜在价值达14.4万亿美元。更具体地来说,未来几年,它有望使全球企业利润增加21%。因此,思科首席执行官(CEO)约翰·钱伯斯宣布,思科的又一次转型是实现"物联网"与"以应用为中心的基础设施"(Application Centric Infrastructure,ACI)的结合,是从设备提供商全面转型为物联网解决方案提供商,从全球最大的网络公司变身为全球第一的IT公司。无独有偶,2013年谷歌公司大举收购美国的机器人公司,一年就收购了10家企业。在物联网的环境下，各类机器人都是智能终端装备。谷歌公司收购那么多的机器人公司，目标只有一个，即谷歌正全面介入物联网产业。

要了解智能互联产品对行业竞争和利润能力的影响，我们首先要研究它们对行业结构的冲击。在任何行业，竞争都是由五种竞争力量所驱动的：购买者的议价能力，现有对手竞争的强度和性质，新进入者的威胁，替代产品或服务的威胁以及供应商的议价能力。这些力量的构成和强度共同决定了行业竞争的本质以及现有业内公司的平均盈利能力。当新技术、客户需求或其他因素对这五种力量产生影响时，行业结构就会发生改变。与前两次IT潮流一样，智能互联产品将对众多行业的机构产生冲击，其中制造业所受的影响最大。

迈克尔·波特教授在《哈佛商业评论》2014中国年会上，曾结合自己最新的物联网竞争战略，对这些问题给出了看法：

——由智能互联产品驱动的新一轮竞争变革浪潮中，以制造见长的中国企业应如何抓住机遇？

——什么是中国企业最优的战略定位？

——传统企业与新锐企业相比在战略制定方面如何实现差异化优势？

过去50年间，IT技术引发了两次浪潮，深刻影响了企业竞争和战略。第一波浪潮出现在20世纪60年代到70年代。价值链中的个人生产活动逐渐实现自动化，引发了企业之间生产流程的标准化。抓住IT技术的运营优势，同时保持独特的战略优势成为每家企业必须面对的两难困境。

80年代和90年代，第二波浪潮来临。互联网的出现，实现了单个生产活动与外部供应商、渠道和客户之间跨地域的协调与整合。企业

推动物联网发展的技术性革命

可以对全球的供应链系统进行紧密整合。

前两次浪潮中,价值链发生了变化,但产品本身并没有受到深刻的冲击。现今的第三波浪潮中,IT技术正成为产品本身不可分割的一部分。智能互联产品性能更强,可靠性更佳,利用率更高,而且能提供跨界甚至超越传统产品的新功能。这些截然不同的产品将颠覆现有的企业价值链,强迫企业重新思考自身的方方面面,甚至重构组织架构。

购买者的议价能力。智能互联产品将极大地扩展差异化的可能性,单纯的价格竞争将越来越罕见。了解客户如何使用产品,公司就能更好地对客户进行分层、定制、定价并且提供增值服务。此外,这些产品还大大拉近了公司与客户的关系。由于公司掌握大量的历史数据和产品使用数据,购买者转换新供应商的成本大大提升。通过智能互联产品,企业大大降低对分销渠道和服务机构的依赖,甚至达到去中介化,从而在价值链中捕捉更多利润。这些因素都削弱了购买者的议价能力。

GE航空在飞机引擎上安装了数百个传感器,基于收集的数据,公司可以分析引擎实际表现与预期的差距,进一步优化引擎性能。有了GE提供的燃油消耗数据,意大利Alitalia航空公司可以辨别襟翼在降落时的位置,从而进行调整,降低油耗。GE航空现在能直接为用户提供多种服务,这提高了它对直接客户——飞机机身制造商的议价能力。GE与航空公司的密切合作加强了产品的差异性,同时加强了对机身制造商的粘性。一旦了解产品的真正性能,购买者也能在不同供应商之间寻求制衡,提高自身的议价能力。拥有产品使用数据,购买者还可以减少对制造商信息和支持的依赖。与原先单纯的购买模式不同,通过PaaS（产品既服务）和产品共享等新商业模式，购买者可以降低转投新制造商的转换成本，从而提高自身的议价能力。

竞争对手的竞争。智能互联产品可能对竞争带来重大影响，创造无数产品差异化和增值服务的机会。企业还可以进一步改进自身产品，以对应更加细化的市场分层，甚至根据个人客户进行定制化生产，进一步增强产品差异性和价格均价。

通过智能互联，公司还可以将价值主张扩展到产品以外，比如提供有价值的数据和增强服务。百宝力（Babolat）生产网球拍和相关装备的历史长达140年，公司最近推出了BabolatPlayPureDrive系统，将传感器和互联装置安装到球拍手柄中。通过分析对击球速度、旋转和击球点的变化，公司可以将数据传送到用户的智能手机中，提高选手在比赛中的表现。与普通产品不同，由于前期的软件开发、更加复杂的产品设计以及搭建"技术架构"的高昂费用，产品的固定成本将大幅提高；因此，新型产品成本中的固定成本比重会更高，而可变成本的比重降低，这使单纯价格竞争的空间缩小。因为高固定成本行业的价格弹性较低，公司必须将固定成本分摊到数额巨大的售出产品上。智能互联产品的功能得到极大扩展，这使公司容易陷入"谁的功能更丰富"式比拼，产品性能的提升则被忽略。这会进一步推高产品的成本，蚕食行业的整体盈利能力。

最后，随着智能互联产品成为更广泛产品系统的一部分，竞争范围将进一步升级。例如，家用照明公司、音响娱乐设备制造商以及智能温度控制器公司过去并没有交集，但现在它们每一家都要在整合智能家居系统里分一杯羹。

新进入者的威胁。在智能互联的世界，新进入者要面临一系

推动物联网发展的技术性革命

列严峻挑战,首当其冲的是产品设计、嵌入技术和搭建"技术架构"带来的高昂固定成本。赛默飞世尔(ThermoFisher)公司推出的TruDefenderFTi化学分析仪在智能产品的基础上添加了互联功能,它可以分析周边环境的有害化学物质,并远程传送数据给用户。这样用户就可以立即采取行动,不用等待人员和仪器的消毒流程。为了开发上述互联功能,公司需要建立一个产品云,对数据进行安全的捕捉、分析、存储,并可以在内部或与客户分享,这绝非一日之功。此外,产品功能不断跨界也给新进入者增加了障碍。百多力公司(Biotronik)最初只生产心率调节器和胰岛素泵等设备,现在公司生产智能互联产品,例如家庭健康监测系统,它包含数据处理中心,医生可以远程监控患者的医疗设备和临床状况。行动敏捷的在位公司还将获得关键的先发优势,因为它们可以利用累积的产品数据改进产品和服务,重新设计售后流程,这无疑抬高了新进入者的门槛。智能互联产品还可以提高购买者的忠诚度和转换成本,进一步提高行业进入壁垒。

然而,当智能互联技术飞速跃进,使在位公司的技术和优势作废时,行业的进入壁垒反而会降低。有些在位公司不情愿采用智能互联技术,妄想保持自己在传统产品上的优势和高利润的产品或服务,这无疑为新进入者敞开机会之门。例如OnFarm公司,这家公司"没有产品",通过收集各种农业设备数据,公司为农场主提供信息服务,帮助他们作出更好的决策。虽然OnFarm根本不是设备制造商,却让传统设备制造商坐立难安。在智能家居领域,快思聪(Crestron)公司也采用类似的战略,它提供界面丰富的一体化家居中控系统。一些公司还要面对非传统竞争对手的挑战,例如苹果发布了以手机为中心的互联家居控制系统。

替代产品的威胁。与传统的替代产品相比，智能互联产品的性能更佳，定制程度和客户价值也更高，这降低了替代产品的威胁，提升了行业发展前景和盈利能力。但是在很多行业中，新型的替代产品正在涌现，它们提供更全面的功能，将威胁传统产品的地位。例如Fitbit的可穿戴健身设备，它能捕捉不同类型的身体数据，包括运动水平和睡眠状况等，它将替代传统运动手表和计步器。智能互联产品还催生出新的商业模式，它们将替代传统的产品所有制。例如PaaS模式，用户只需按使用量付费就可使用产品的所有功能。分享使用模式是PaaS的变种，Zipcar公司可以随时随地为客户提供交通工具。汽车分享模式的兴起有可能替代原先的汽车所有制，传统汽车巨头也纷纷跟进，例如RelayRides与通用汽车的合作，宝马推出的DriveNow服务以及丰田赞助的DASH项目。

自行车分享系统是另外一例，它正在越来越多的城市普及。用户可以通过智能手机App找到自行车租用和归还的站点。系统则监控用户使用自行车的时长，并收取相应费用。显然分享模式会减少城市居民购买自行车的需求，但也免去了购买和停放的麻烦，因此，这刺激了更多市民使用自行车。便捷的分享模式不仅会替代自行车购买模式，也能替代汽车和其他交通工具。正是智能互联产品的出现才让分享模式替代完全所有制成为可能。

供应商的议价能力。智能互联产品改变了传统的供应关系，重新分配了议价能力。由于智能和互联部件提供的价值超过物理部件，物理部件将逐渐规格化，甚至被软件替代。软件也提高了物理部件的通用性，减少了物理部件的种类。在成本结构中，传统供应商的重要性将会降低，议价能力随之减弱。

智能互联产品也让一批新的供应商崛起，包括传感器、软件、互联设备、操作系统、数据存储以及"技术架构"其他部分的提供者。这些供应商中不乏谷歌、苹果和AT&T这样的大公司，它们都是各自领域的巨头。过去传统制造企业并不需要和它们打交道，但如今这些公司的技术对产品的差异性和成本至关重要。这些新供应商拥有极高的议价能力，往往能获得价值蛋糕中更大的一份，进一步挤压制造商的利润。开源汽车联盟由通用、本田、奥迪和现代等汽车品牌组成，它们在汽车上安装谷歌的安卓作为操作系统。这些车企变成了谷歌的OEM，它们缺少开发内嵌操作系统的能力，无法提供像安卓那样的操作体验和App开发生态圈。车企对传统供应商的影响力对谷歌这样的新型供应商完全失效。谷歌不但有丰富的资源和能力，更具有强大的品牌效应和无数的相关应用。举个简单的例子，用户希望他们的汽车能与手机中的应用和音乐同步。

由于新型供应商与终端用户的紧密关系以及掌握的产品使用数据，这些"技术架构"的提供者拥有更强大的议价能力。不仅如此，这些供应商还可以利用手中数据开发新的服务，就像GE航空与Alitalia航空公司的合作。

数字物联颠覆商业

当前全球经济增长乏力、前景黯淡,已使得寻找新的经济增长引擎变得刻不容缓。在此背景下,新兴的物联网正日益受到关注,这一数字化时代的产物将推动第三次工业革命的进程,促进生产实现零边际成本,同时还将催生协同共享的新经济模式。

在《零边际成本社会》一书中,作者杰里米·里夫金对其上一本著作《第三次工业革命》中提出的理论进行了进一步阐释和升华,认为数字化物联网平台将成为第三次工业革命的关键性基础设施。

任何有效的经济模式都需要三个基本元素:传播媒介、动力来源、运输机制。如今,在信息数字化的年代,通讯网络正逐渐与数字化可再生能源网和数字化交通物流网进行融合,进而构成数字化物联网,成为第三次工业革命的重要支撑。他强调,将物联网的这三大支柱网络联结起来产生的数字化经济将极大地提高生产力,并相应降低边际成本,进而向零边际成本社会进化。

当前全球经济增速放缓的迹象表明,第二次工业革命带来的经济动能已日薄西山。随着当前工业生产模式的不足之处不断凸显,改进老旧的基础设施已无济于事。要想探寻新的经济增长点,应加快推动

推动物联网发展的技术性革命

第三次工业革命，重建新的基础设施，降低生产成本，提高生产力。建立数字化物联网便是实现这一切的最佳途径。里夫金担任主席的TIR咨询团队在调查中指出，建立物联网平台、推动第三次工业革命，将在未来40年提高40%或以上的能源利用效率，这也意味着在未来半个世纪中，生产力将获得前所未有的增长。

过去一个多世纪中，通用电器（GE）的大多数收入来自出售工业硬件配件和维修服务。但近年来，GE面临流失大客户的风险，两类对手抢走了GE的客户：IBM和SAP等非传统竞争对手以及那些大数据初创公司。这些竞争对手改变了客户价值主张，从购买可靠的工业设备，转变为利用设备产生数据进行计算分析，获得新功效和利润。这一趋势下，GE面临设备产品规格化的威胁。

2011年，GE拿出应对方案，斥资数十亿美元打造"工业互联网"。GE在其设备上，添加了与基于云技术的公共软件平台联接的数字传感器。此外，该公司还投资建设现代软件开发能力、先进分析能力以及众包产品开发。这一切都在改变GE公司的商业模式。例如，目前GE从飞机引擎获得的收入不仅仅来自单纯的交易，还来自改良性能的服务：停工期缩短、年飞行里程增加等。这类基于数字技术以结果为导向的服务，使GE在2015年获得了20亿美元的增量收益，预计2017年和2018年，这一数字都将增长1倍。

GE的工业互联网以无所不在的数字化连通为基础，通过互联的笔记本电脑和移动设备，多数与信息相关的工作都已数字化。随着"物联网"的发展，现在数字传感器的应用随处可见，这带动了过去的模拟任务、流程、设备及服务运营的数字化，并使之与网络相连。此外，云计算提供了价格低廉且没有上限的强大计算能力。所有上述因素形成合力,促使每个行业内的老牌公司和初创公司必须以新方式竞争。

积极创新、以技术为核心的初创型企业过去是市场中唯一的颠覆力量,其增长速度高于那些规模更大、更加成熟的竞争对手。然而,这种局面很可能即将结束。根据埃森哲最新的研究报告,大型企业已开始利用自身的技能、规模和影响力优势,转型成为真正的数字化组织。

《埃森哲2014年技术展望》发现了六大技术趋势,这些趋势正帮助大型企业通过扩大创新领域以及采用数字技术来构建竞争优势,从而像初创公司一样成为市场的颠覆者。报告还发现,领先企业正在积极建立数字战略,充分借助移动技术、数据分析和云计算等工具,改进业务流程、有效利用实时化智能服务、突破传统的劳动力资源,并且转变数据的管理和使用方式。

埃森哲首席技术官保罗·多尔蒂(PaulDaugherty)表示:"我们看到大型企业正有效发挥其资源和规模优势,通过数字化转型推动自身重塑,进而在市场中再次确立其领导地位。这些领先企业积极采用数字化方式来提升内部流程效率、改进市场营销方法、与合作伙伴加强协作、与客户增进交流,并且妥善管理其各项交易。数字技术正迅速成为其核心运营架构的一部分,支持其成为数字化时代的中坚力量。"

埃森哲发现的推动数字技术发展的六大信息技术趋势为:

数字与现实边界模糊:将智能扩展到边缘。随着各种可穿戴产品和智能设备为我们提供实时化的智能服务,现实环境也延伸到了网络空间,改变着我们的日常生活及企业的运营方式。全新的智能互联方式正拓展员工能力、实现流程自动化，并使机器完全融入我们的生活。对消费者来说，这赋予了他们更多的权利；对企业而言，获得具有实时性、相关性的数据则意味着设备及员工在各种虚拟环境中可以实现更迅速和更智能的行动和反应。例如在医疗领域，飞利浦公司正在测试一款基于谷歌眼镜开发的应用，医生在手术过程中可以通过佩戴式的显示器来同步监测病人的生命体征和反应，而无需将视线离开病人或正在进行的操作。

从员工到众包：无边界企业的崛起。试想一下，企业的劳动力资源不再只是自有员工，还包括了互联网上所有愿意参与企业事务的人员。现如今，技术正在帮助企业充分网罗全球各地的广阔人力资源。就如同通用电气、万事达卡和脸谱网所做的那样，它们通过Kaggle等众包平台，找到了一个汇聚全球计算机精英、数学家和数据专家的网络，从而帮助公司解决各种各样的难题，比如寻找最佳航线，或是优化零售店铺位置。如何在各路人马之间架起桥梁，使其能够共同推进业务目标实现，的确面临着巨大挑战，但同时也带来了巨大机遇：每家企业都有望获得一支庞大而灵活的劳动力队伍，不仅有助成功解决企业当前面临的某些问题，而且在很多情况下这些人员都有着热忱的奉献精神，甚至可以不付分文。

数据供应链：让信息流通起来。各类数据技术都在迅速发展，但大多数技术的应用仍非常零散。其结果是企业数据普遍难以得到充分利用。目前，仅有五分之一的企业在整个组织中集成数据。要想真正挖掘数据的潜在价值，企业就必须将数据视为供应链，使其在整个组织内部顺畅而有效地流动起来，最终贯穿整个生态系统。谷歌和沃尔格林等公司都已通过开放应用接口采用了这种方法；如今，超过80万家网站都在使用谷歌地图TM数据；而第三方开发商也能够将沃尔格林处方药瓶上的条形码扫描进自己的应用当中，从而更容易地帮助人们再次购买药品。

驾驭超大规模：硬件重返舞台（其实它们从未真正离开）。当前，企业建立更大、更快速的数据中心的需求迅猛增长，推动硬件不断创新。功耗、处理器、固态存储器以及基础设施架构等领域的技术进步，为企业大规模扩展、提升效率并降低成本提供了新的机遇，并且使得各套系统的表现比以往任何时候都更为出色。而随着企业业务的全面数字化，越来越多的企业将会意识到硬件恰是迎接下一波增长大潮的关键要素。

应用再定位：软件是数字世界的核心竞争力。为了紧跟消费领域的变革，企业正在迅速采取行动，借助各种应用来努力提升运营的敏捷性。根据埃森哲的研究，在成绩最为显著的IT团队中，54%都已部署了企业应用商店，以期为员工提供简单的模块化应用。由于变革的压力来自于业务部门，在新的数字化组织中，IT部门和业务部门的领导者必须明确各自在应用开发中的职责。同时，他们还要考虑如何转变应用开发过程本身，从而能够迅速利用各项新的技术、促进日常软件的升级换代，并最终推动业务加速增长。

弹性架构："有故障不宕机"，不间断运营的秘诀。在数字时代，企业都希望自身能够满足有关业务流程、服务和系统不间断运作的要求。这将在整个组织内部产生涟漪效应，其中对信息部门的影响尤为显著：IT基础设施需要永不停歇地工作，一旦出现异常状况便有可能令企业的品牌价值受损。Netflix等当今的信息技术领军企业正在使用自动化测试工具，向其系统刻意发动攻击，以提高系统运行的弹

推动物联网发展的技术性革命

性。这些企业在自身系统的设计与建造中充分利用了模块化技术和先进的检测流程，确保能够切实抵御故障，而不仅仅是达到某些技术性能要求。

数字化的普及始于软件公司转型。微软和SAP曾靠出售软件许可获得高利润，但现在它们开始大规模投资支持云软件和分析工具基础设施建设，这就使得其收入来源从产品转为服务。此外，它们也在试水结果导向型的商业模式，即其收入和企业应用程序获得的收效挂钩。

事实上，数字化技术和物联网的经济价值正在得到日益广泛的认可和重视。《哈佛商业评论》发表的一篇文章与里夫金的观点不谋而合。该文提出，数字化技术有三大优势：第一，数字化信号能准确无误地传播；第二，数字化信号能被无限次完全复制；第三，先期对网络基础设施的投资完成后，向更多消费者传播信息的边际成本为零（或接近于零）。这三大优势能有效连结不同行业和社区，使物联网成为可能，进而改变当前的商业模式，创造新的商业机会。全球领先网络解决方案供应商思科集团则预计，到2020年，物联网将在成本节余和收入方面创造14.4万亿美元的价值。

另外，协同共享的经济模式将成为未来社会发展的一大趋势，与资本主义市场中的交换经济共存。里夫金表示，引进数字化物联网平台将使得未来的边际成本接近于零，从而使得越来越多的虚拟和现实物品的价格接近于零，并能在协同共享的经济体系中得到分享，这些产品包括娱乐、新闻、知识、可再生能源和3D打印产品等。如果这些产品能被重复分享，就能进一步减少资源的使用，创造循环经济。

美国尼尔森市场调研公司在2013年开展的一项关于民众对资源共

享的接受度调查显示，在来自世界各地的受访者中，68%的人表示愿意分享或出租个人资产，66%的人表示愿意在共享社区中使用他人的产品和服务。其中，中国在各国中排名第一，94%的受访者表示愿意参与到共享社区中，与他人分享或交换资产。其次是印度尼西亚和斯洛文尼亚，接受度分别为87%和86%。这些数据证明共享经济的可行性。

推动物联网发展的技术性革命

传感器是物联网的基础

传感器是物联网的一个重要基础，传感器好比人的眼耳口鼻，但又不仅仅只是人的感官那么简单，它甚至能够采集到更多的有用信息。既然如此，就可说这些传感器是整个物联网系统工作的基础，正是因为有了传感器，物联网系统才有内容传递给"大脑"。

传感器是工业互联网的核心。在过去几年间，巨大的科技进步及微型化为探知自然环境创造了新的机会。

今天，数据输入点及联网系统的清单中又加入了许多新的事物，例如地理定位和全球定位系统设备、条形码扫描器、温度计、气压计、湿度计、振动传感器、压力传感器、陀螺仪、磁力仪、相机、音视频监视器、加速计、运动传感器、雷达、声呐及激光雷达。谷歌公司应用激光雷达，操控其自动（无人驾驶）车队，被称为Google Chauffeur（谷歌司机），运行了近百万英里，没有发生过一起由技术缺陷引起的撞车事故。

不过，传感器收集到数据后，还需要计算机、储存系统和软件对数据进行管理和分析。联网系统——经常依赖应用程序编程接口在需要数据的时间和地点通过应用程序或者为应用程序提供数据（这些小型软件组件联接起不同的设备和软件程序,实质上定义了互动行为及数据交换如何发生)——使对事物的后端处理成为可能,例如数据挖掘、面部识别和翻译系统。例如,一个系统可能在某个人步入商店时识别其身份或根据她的面部表情提供购物建议或者使一个人对一种语言的标识或信息拍照后收到即时翻译成为可能。它也引入了增强现实的功能,使得人们可以通过给某个事物拍照,例如埃菲尔铁塔,即刻获得相关信息。透明的说明性文字会出现在原图上方或显示在智能眼镜中,例如谷歌眼镜。

这可能引发无限的可能性,而且对商业来说潜在价值非常巨大。按照麦肯锡公司咨询师迈克尔·崔、马库斯·勒夫勒和罗杰·罗伯茨的说法,工业应用的物联网代表着一波全新机会的到来。他们撰写的报告《物联网》中指出:

可预测的信息通路正发生着变化:物理世界本身正成为一种信息系统……这些网络产生了大量流向计算机的可供分析的数据。当物体既能感知环境又能进行交流时,它们就成为理解复杂性并对其快速反应的工具。所有这一切所具有的革命性意义就是这些物理信息系统现在开始得到有效利用,而且其中一些甚至在大部分情况下无须人类干预就能运行。

这一切对商业中的前沿阵地又会带来怎样的影响呢?机器生成的数据现在大约占到组织机构掌握的所有数据的15%。然而,这个数字在未来10年将可能增长到大约50%。智能资产——基本上指配备有传感器并彼此相连的设备——将提供参数数据、使用信息以及对于操作员作为、状态和健康程度的监控。在工商界,物联网将可能带来巨大的利益。即使是燃料成本1%的降低或在因系统无效导致的资本支出方面做出的类似改善都可以实现百千万亿美元的节省。工业互联网也可以创造价值数十万亿美元的经济活动。

首先是传感器，就是我们前面讲到的机器的"眼睛"和"耳朵"类似的东西。我们可以通过RFID（电子标签）等技术对正在生产线上等待加工的零件进行识别，这个过程就像刷身份证一样，能获取到产品的任何信息。通过这样的技术，我们就能够随时知道某个零件加工到哪一步了。同时，通过用光学、声学等方法，能够在零件加工的过程中，就对零件的质量进行监测，以防止零件出现问题。这就是零件与机器"交流"的一些常用方法，通过这些方法，控制中心能够实时掌握生产线上零件的加工状态，知道会不会缺料或者加工出次品。

由于能够实时对每个零件的状态进行把控，就为定制化的生产提供了可能。比如以往我们造一辆汽车，同一型号的车都是一模一样的，顾客都是在已经造好的车型里面选。这种感觉就像皇帝选妃子，妃子长什么样是妃子的父母说了算，皇帝有的也只是选择权。但这么多妃子，哪怕三千佳丽，也不一定有皇帝最称心的那一款。

在过去，传感器更多应用于工业。但是随着时间推移，它已经慢慢走入我们的生活。我们的手机、手环都安装有多种多样的传感器，比如手机GPS随时能够感应你的地理位置，就是因为手机里面有位置传感器，手机能够根据你使用的方向切换横屏竖屏是因为含有重力传感器，苹果手表能测心率是因为有光电传感器，甚至楼道里面的声控灯很多都是因为含有光传感器：它们能让灯在光照充足的情况下不受声控。

现在的声控灯在市场上很火，其实从某种意义上来讲，声控灯可以看作是智能家居的鼻祖之一，其操作简单，作用巨大，价格也便宜。如果像声控灯一样没有APP，也能够实现基本的智能控制，那岂不是比市面上很多其他智能灯产品还要符合人们的期待？不过，声控灯毕竟不是真正的智能家居产品，其虽能解决一部分控制问题，但仍旧需要触发开关，即人的声音。而且，它并不能区分环境的声音和人的声音，更难以识别主人的声音，所以应用场景有限，用起来也并不是那么让人满意。

那么，我们就可以说在声控灯上存在的不足，正是传感器存在于我们生活中的意义！

首先，我们必须明确一点，传感器网络是物联网最基础、最底层的部分，是一切物联网上层应用实现的基础。传感器网络的应用将是物联网与互联网的最大区别所在，其将直接导致我们很多互联网思维到了物联网时代变得不再适用。互联网是基于人的网络，我们的信息在某种意义上是靠人来采集和分析的。比如，我们的电器坏了，于是你用手机在网上报修，快递人员上门取件，帮你把电器送回去返修，这是互联网。

物联网时代又是如何实现即使人不参与其中电器本身也能完成整个过程的呢？当电器可能坏之前，安装在电器里面的传感器已经检测到了异常，于是主动报修，在技术足够发达的前提下，你的家用机器人和快递公司的无人机已经帮你返修电器，并同时给你安装好备用的。而在此前你毫不知情，只是等你回家后，会得到电器返修的通知，这时你自己可以正常使用备用电器。重要的是，你完全不必担心个人数据遗失或泄露，因为你的数据基本储存在云端服务器里，备用的电器跟你以往的电器一样好使。

这样的生活场景得归功于传感器和机器智能。因为传感器的存

推动物联网发展的技术性革命

在，电器才能监测到自身的工作状态，从而能够让你享受更好的体验。

传感器的功能远不止于此，对于自身工作状态的监测将有助于我们完成从卖产品到服务的转变。当能够很好区分是用户造成的故障还是机器本身故障的时候，我们就能够以服务的方式向用户出售我们的产品。比如，我们以前买一个冰箱，用旧了就丢掉，造成的浪费可想而知。而在物联网时代，厂商提供的将是"冷冻保鲜服务"而不再是"冰箱"，如果有了新的技术和产品被开发出来，厂商可以直接为用户更换新的产品，而用户无须额外掏钱，用户花的钱就相当于支付享受冰箱所带来的服务的费用。

由于传感技术带来的便利，未来基本上每一件物品都将被感知。就像你在超市买东西，扫条码付款一样，RFID技术将为更多物品编码。比如一盒鸡蛋进入冰箱后，冰箱就知道有多少个，价格多少，是哪家超市买的，甚至是哪个农场那一只母鸡产的。

未来的空调和温控器等设备一定是装有温度传感器的，而电灯等照明系统一定是有光传感器的，同时门窗等地方有红外传感器，而你随身携带的手机、手环等穿戴设备则集成了更多传感器。

五花八门的传感器可以采集有关于你的各种各样的信息，它知道你每天睡眠时间的长短，知道你的体温以及每天的运动量，甚至是你每天吃什么，口味偏好是什么，喜欢什么款式的衣服。这看上去好像你的生活将暴露在一堆智能设备之下。

当然，这是技术进步带来的一些尴尬。比如你现在使用智能手机，很多APP总会询问你是否开始位置服务，手机的找回服务也是基于位置的传感。你每天形成的信息其实早就暴露在智能手机的监控之下了。棱镜门事件告诉我们，你更多的信息可能正在被监控、被窃听、被分析。

这是从互联网时代就开始的事，到物联网时代将会有更多的关于你的信息被感知。如果说互联网时代，你还可以选择隐瞒的话，那么在物联网时代，你可能无处遁形。我们可以来看看发生在美国的案例。

在美国宾夕法尼亚州有一位女性声称自己被强奸了，但结果却因为在法庭上提供伪证而遭到起诉。推翻她的陈述的，就是一款叫Fitbit的手环跟踪记录的她的个人信息；法庭的控诉书上显示，这位女士在整晚都保持着清醒，包括她告诉警察她在睡觉的这段时间实际上她并没有睡着。这些信息，全部是由她身上佩戴的健康跟踪设备提供的。这些信息指向的证据表明，这位女士并没有如她宣称的那样遭受了强奸。而在另一起事件中，Fitbit手环同样被用来作为证据。来自加拿大卡尔加里的私人教练，将Fitbit中记录的数据作为证据，控告了一起人身伤害案件。在这起案件中，Fitbit里的数据用来作为比较基准，衡量了这位私人教练和与她相同年纪的其他教练身体素质方面的区别。

这两起事件中的Fitbit手环的生产商是美国一家专门做智能穿戴的企业，后来在纽约交易所上市，上市当天收盘价较发行价上涨了约50%。这款手环本是一款针对健康和运动而设计的手环，结果在法庭上却成了呈堂证供。对于传感器采集到的数据本身的应用，已经远远超过了它设计之初的目的。而这些数据，在需要被用到的时候，警方也是可以调用的。

从智能手环的案例我们看出，传感器可不仅仅是备用方便为我们提供服务那么简单。传感器采集的数据是基础的、简单的，但是这些

推动物联网发展的技术性革命

数据一旦被应用起来,产生的作用是非常巨大的。

对这些数据的应用基本发生在网络层,这个网络并不一定是我们传统意义上的互联网,我倾向于将其理解为具有运算能力的层面。它们就像人的大脑一样,具有分析和处理数据的能力。比如说,智能空调能够自动根据家里的气温和是否有人控制温度。它获得的只是气温的数据,而提供的是舒适的生活环境,这个过程并不是非要放到网上不可。

再举个例子,你家里种了一盆绿色植物,智能的花盆能根据花的生长状况对其进行浇水、施肥(如果你仅仅是想美化环境,而不是侍弄花草的话),而这些数据也将被传给家里的空气控制系统和照明系统等环境控制系统,让它们也配合花的生长状况,提供良好的空气和光照等条件。

那么问题来了,家里如果养了一只鸟、两只金鱼,它们需要的环境又不一样,温控器应该听谁的呢?而主人在家的时候需要的环境又不一样,可怜的环境控制系统要为谁着想好呢?如果我们加上主人的钱包等因素影响,问题将变得更加复杂。可是,我们的物联网不是要让生活更简单舒适吗?

所以,我们的家庭控制中心肯定不能太笨,它懂得把所有的一切管理得井井有条,这里就涉及一个人工智能强度的概念。

目前,对于我们所产生的数据,只有5%真正地被利用起来,基本上利用这些数据的初衷是为我们提供服务的。但是,更多时候这些数据被采集后,我们并没有办法直接去处理或者应用这些数据,而是通过委托其他设备来提供我们所需要的服务。这些数据,将有一部分被公开甚至被人用来做你意想不到的事情。如果被坏人利用,将引起更加难以想象的恶果。

所以说传感器在这里是一把双刃剑，虽然发生的概率极低，但造成的危害非常大。当然，你也可以说，我不用这些智能设备就好了。这就像你现在说你不用互联网一样，几乎是不可能的。那么你说把那些烦人的传感器拆了就好了，但就像前面讲的，传感器是物联网设备工作的基础，没了传感器，它们就像失去了感官无法工作了。

那么，能不能不上网呢？不上网，它们会安全许多吧。当然可以！事实上，我们现在很多智能家居设备内部是可以自组网的，如果有一个足够智能的控制中心，它们也能够很好地工作。但这个概念就像我们现在在电脑上的单机游戏一样，我们的家庭控制中心很难不上网，它得与外界保持联系，才能知道你什么时候回家，帮你订食物，帮你收快递等。

如此说来有些危言耸听了，似乎我是在宣扬传感器阴谋论了。但我提出来的这些情况都很有可能发生，离开传感器我们当然能够生活，但是只有有了传感器我们才能更好地生活。举个例子，比如现在已经非常成熟的位置传感器，你在使用团购网站寻找美食的时候，跟着地图走就好了。你在陌生的城市也不会迷路，只要是地图上有的地方你基本都可以到达。而你打车的时候，打车软件帮你匹配距离近的空闲车辆，司机很快就能找到你并载你去目的地。

暴露位置比暴露你的体温危险多了，不是吗？那我们使用手机位置服务到底给我们带来了多大危险呢？老实说，没有，对吧？

所以，越来越多的传感器带给我们的危险其实微乎其微，而更多的是舒适便捷的服务。继续以地图为例，我们能够快速找到心仪的美食，商家能够吸引到更多的顾客。而如果更多的数据被加入进来，商家可以通过分析用户的年龄、口味喜好，制作出卖得更好的菜品。

继续延伸下去，就是我们现在说的大数据了。大数据的应用就是将各种相关的数据加以开发和运用，而这些数据的基础，一则是互联网时代丰富的资源库，二则是未来物联网时代真正来临的时候，入网设备机器产生的数据，与目前的互联网相比根本不在一个数量级上。现在互联网的大数据尚且不能很好地被运用起来，到物联网时代可见还有很长的路要慢慢探索。

所有这些数据产生的基础，也就是物联网的基础：无所不在的传感器。这些传感器不仅仅会在你的家里，公共场合和市政设施可能用得更多。比如自动售货机，比如公交站牌，比如红绿灯等。我们的生活无处遁形几乎会成为一种必然，但这并不意味着失去隐私。

现在我们缺乏的是对这些数据的监管机制。美国现在已经计划对一些犯罪率高的城市使用全覆盖的智能监控系统，任何地方发生犯罪，警察都能很快赶到处理，从而遏制犯罪。据说这套系统也是美军发现拉登的功臣，同时被用在中东战争中监视恐怖分子的活动。

看上去不错，这里我提出的个人观点是：其实很多组织和机构对你的隐私并不那么感兴趣，他们感兴趣的是数据背后的价值。比如，你的睡眠状况和运动量对你来说是隐私，对医学研究来讲只是一个样本，对保险公司来说可能会是你保险合同的参考指标，而对你的社区医生或者心理医生来讲，价值相对就会高一些。

很多时候，这些数据是为我们提供服务用的。有些是我们主动寻找的，比如美食，有些却是我们被动接受的，比如淘宝的新品推荐。这些数据的价值是难以衡量的，你没法说你一天的步行数据对一家公司价值几何。但海量的数据肯定潜藏着巨大价值，当它们被运用的时候，将有部分人从中受益，而这些数据提供者往往成了被服务对象，要为此付钱。从现今的状况以及目前的趋势来看，确实是这样。好在国家已经开始加强了立法等管理，在一定程度上对数据的应用进行了监管和规范。但我认为，监管是不够的，还需要想办法切实加强数据的流通，这样才能产生更大的价值。为此，我们必须肯定个人数据的价值，并肯为此买单，而不是打着提供服务的幌子，免费使用用户的数据。

现在很多O2O公司或者APP喜欢搜集用户电话号码，支持一键注册，甚至为此催生了一批专门做短信验证码的公司和线下地推的公司。这些公司的特点在于，它们为取得用户的有效联系方式而支付一定的等价物，而现在互联网行业内亦有取得每个有效用户需要的成本的算法。这些有效用户的取得，更多来源于信息的收集。不过现在依托的是互联网的方式，人在其中起主导作用，而未来，当每台设备都具有数据收集价值的时候，或许会产生新的商业模式。

以传感器网络为基础建立起来的数据世界，将基本上和现实世界的物体与虚拟世界的数据一一对应，而现实世界里面看不到、摸不着的许多量将在这个世界被一一抽出来进行分析和应用，再通过网络反过来操控现实世界的设备和仪器。最后达到的结果就是，每个人、每台机器都被构建精准的数据模型，并且事务和流程将变得可处理、可操控，从而使现实世界和网络世界完全合为一体。

推动物联网发展的技术性革命

畅享云服务

现在，我们对于各种各样的云计算都已经习以为常，而且几乎互联网或计算运作的所有角落都无一例外地受到云计算影响。许多人将这种环境称为效用计算，因为各种服务可以说关就关，说开就开。另外，使用模式可以实现动态实时调整。云计算还带来了另一个现实：处理、追踪和同步数据的能力比以前大大增强。几乎任何单个的组织或政府都无法建成一个能够支撑物联网的数据存储基础设施，而且，通过使用应用程序编程接口（API）——本质上就是联接应用程序的小型程序，就有可能创造一个更具灵活性和更加自动化的环境。这种软件使不同的设备和系统能够彼此对话，即使是在它们采用不同的标准或协议的情况下。

虽然"云"一词意义宽泛，在不同的语境中指代不同的场景，但它的基本意思是在庞大的网络（例如互联网）中运行的分布式计算环境。通常互联网中的计算机集合为用户提供一个平台或一项服务，其采取的形式可以是通过互联网或私有网络提供的软件、硬件和各种服务，包括存储。虽然这个概念并不新颖——托管服务或管理服务的想法早在20世纪50年代就通过分时的概念问世了，但其在运算能力、带宽和软件开发方面的巨大进步在过去数年内重新定义了这个领域。

用来解释物联网如何形成以及移动性和云起到哪些作用的一个很好的例子，就是一批新式健身设备的出现。多年来，跑步、散步、骑自行车及其他健身项目的爱好者如果想要追踪自己的进展情况，就不得不用纸和笔记录下他们的运动数据或者购买可以记录他们的步数和距离的设备——在某些情况下包括选择内置全球定位系统的路径。近年来出现了一些设备，可以通过电缆或无线技术（例如蓝牙）将信息同步到应用软件或网站。虽然这些设备联接到了互联网，但它们都只不过是一种关于物联网可能性的原始版本。

数以亿计的手机、移动终端为人们提供方便的电子设备，用于移动办公、上网、收发邮件、听音乐、看视频、玩游戏等。在这些应用中，有一些应用是通过应用软件的方式提供给用户的，应用程序被下载到移动终端上，人们就不再需要与互联网的联接，直接运行即可。

但是，在很多情况下，人们需要通过互联网提供各种应用。比如数据的备份和同步，比如在互联网上操作CRM（客户关系管理）和SCM（供应链管理）等，以便做到信息的及时更新和同步，和供应商进行信息的共享，和同事们进行协同工作等。

还有一些需求，比如我们在桌面互联网时代，办公软件主要依靠微软的office软件。但是这类软件相对较贵，有没有更便宜的方法获得这些办公应用呢？比如使用谷歌的Docs，既能够节省费用，又能够进行信息同步和备份。

"云计算"就是为了这些目的而推出的服务和框架。它的首要目的是支持用户在任意位置使用各种移动终端获取应用服务，所请求的资源来自"云"，而不是固定的有形的实体。应用在"云"中某处运

推动物联网发展的技术性革命

行,但实际上用户无需了解也不用担心应用运行的具体位置,只需要一台笔记本电脑平板电脑或者一部手机,就可以通过网络服务来实现我们需要的一切,甚至包括超级计算这样的任务。

"云计算"最简单而直观的例子是"搜索"。当我们上互联网通过诸如百度、谷歌进行搜索时,我们就采用了云计算的服务。电子邮件服务、即时通信服务、全球定位服务(GPS),以及Android Market和Amazon MP3 Market等,都是云计算的例子。

人们需要云计算,主要是为了获得方便。人们能够通过任何设备在任何地方获得所需要的信息、帮助和协同工作。同时,由于利用了规模效应,云计算可以为用户节省成本,提供更加优质的服务。

SalesForce是提供在线客户管理系统(CRM)的公司,他们这样介绍云计算的好处:

没有云计算平台之前,像SAP、微软和Oracle等提供的传统业务应用程序十分昂贵。它们需要成立一个数据中心,且数据中心内需要配备办公空间、电源、制冷设备、带宽、网络、服务器和存储器。另外,还需要一堆复杂的软件程序,以及一支负责安装、配置和运行的专家团队。此外,还需要提供开发环境、测试环境、整理环境、生产和故障转移环境。这样,即使是大公司也无法有效获得所需的应用程序,而小企业则买不起。

有了云计算平台,就无需自己管理和运行应用程序,所有应用程序均在共享数据中心内运行。当需要使用云服务中运行的任何应用程序时,个人仅需登录和自定义,然后开始使用即可。

这些程序包括CRM、人力资源管理和财务会计管理等。由于无需为运行这些程序的全部人员、产品和设备支付费用,因此这类应用程序成本较低。与大多数应用程序相比，这类应用程序更具可扩展性、更安全、更可靠。另外，云计算平台还将负责软件升级，因此，你的应用程序可以自动获取安全性和性能方面的增强功能和新功能。

你支付基于云计算平台的应用程序费用的方式也将与以往不同，你从此不必购买服务器和软件。需要支付的所有费用都已计入可预见的每月订阅费中，因此，仅需为实际使用的功能付费。

业界提供云计算的一些大公司还包括：

●谷歌公司。谷歌搜索引擎分布在200多个地点、超过100万台服务器，这些设施的数量正在迅猛增长。谷歌地球、地图、Gmail和Docs等也同样使用了这些基础设施。采用Google Docs之类的应用，用户数据会保存在互联网上的某个位置，可以通过任何一个与互联网相连的系统十分便利地访问这些数据。目前，谷歌已经允许第三方在谷歌的云计算中通过Google App Engine运行大型并行应用程序。谷歌不保守，它早已以发表学术论文的形式公开其云计算的三大法宝：GFS、MapReduce和BigTable，并在美国、中国等高校开设如何进行云计算编程的课程。

●IBM。IBM在2007年11月推出了"改变游戏规则"的"蓝云"计算平台，为客户带来即买即用的云计算平台。它包括一系列的自动化、自我管理和自我修复的虚拟云计算软件，使来自全球的应用可以访问分布式的大型服务器池，使得数据中心在类似于互联网的环境下运行计算。

●微软。紧跟云计算步伐，于2008年10月推出了Windows Azure操作系统。Azure（译为"蓝天"）是继Windows取代DOS之后，微软的又一次颠覆性转型，它通过在互联网架构上打造新云计算平台，让微

推动物联网发展的技术性革命

软数以亿计的Windows用户桌面和浏览器,联接到"蓝天"上。Azure的底层是微软全球基础服务系统,由遍布全球的第四代数据中心构成。

●亚马逊。使用弹性计算云(EC2)和简单存储服务(S3)为企业提供计算和存储服务。收费的服务项目包括存储服务器、带宽、CPU资源及月租费。月租费与电话月租费类似,存储服务器、带宽按容量收费,CPU根据时长(小时)运算量收费。亚马逊把云计算做成一个大生意没有花太长的时间:几年时间,亚马逊上的注册开发人员就达近百万人,还有为数众多的企业级用户。由第三方统计机构提供的数据显示,亚马逊与云计算相关的业务收入已达5亿美元,是亚马逊增长最快的业务之一。

显然,云计算服务为移动互联网时代的移动办公提供了坚实的基础。

在数据同步方面,由于移动终端具有随时移动特征,所以和PC相比,它的硬盘更小,损坏的概率更高,数据丢失的可能性远远增加。因此,移动终端比如平板电脑上的数据需要一个更加可靠的方案。比如同步备份在网络上,记事本、通讯录、日常安排、office文档等都需要随时备份在云端,以免丢失,同时减少对本地存储的依赖。

同时,在当前阶段,人们将面临着多种设备并存的局面:手机、PC、笔记本、平板电脑等,文件、数据、信息分散在不同的设备上,迫切需要工具把他们同步和管理起来。因此,数据、文件等在不同设备商的同步和管理的软件系统将具有巨大的发展空间。如Evernote、Mobile me、SugerSync、快盘、微盘等。

杀毒软件、数据保护、设备锁定保护、一键删除、一键恢复等将

· 137 ·

诞生巨大的市场。

在过去的几年间，新一代健身设备将锻炼成果及对其进行追踪的能力提升到了一种完全不同的水平。例如，Fitbit手环依靠内置的电子元件（包括一个加速计和高度计）记录步数、卡路里、攀爬楼层以及活动时间。一些机型还能够记录夜间睡眠状态。这些配备有机电激光显示（OLED）读数器的设备，会定期通过蓝牙联接到智能手机或电脑，将数据传到云端。数据在云端经过分析后，用户会收到以图、表或其他数据形式所呈现的信息，可在网站或通过移动应用查看。

不过，这种设备的功能远超过仪表盘。首先，其软件与其他应用相互联接，并将数据发给它们。这使得将与互联网联接的跑步机、健身自行车等器械所记录的数据添加进来成为可能。其次，人们也开发出利用心率计追踪跑步、记录走路或跑步线路的其他智能手机应用以及记录食物和卡路里摄入的应用。再次，人们甚至能够以仅仅几年前还想象不到的方式与其他用户在健身竞赛中比赛、记录减肥情况及考察健康程度。

这些功能的显著之处并不在于这种能够详细全面测量和记录活动的技术，而在于这种与Fitbit或相似设备联接的由服务与应用构成的生态系统。这种生态系统最终会生成一幅相当精确的运动全景图，记录了个人在全天所进行的活动，包括从运动到饮食习惯，从营养到睡眠等。计算机从一系列设备和应用中读取所有数据，将数据编入算法，实时发送非常详细的结果和分析。如果没有移动技术、云计算和联网系统，这一切就不可能实现。用户能得到的就是一个个彼此隔绝的数据岛屿，提供的信息有限。

物联网技术的安全与隐患

在物联网发展的现阶段,智能互联的产品水平已经从以前物理型的软件和硬件,转变成为在云端服务器的形式,持续提供着各种相关的服务数据。与其他IT系统一样,制造企业也需要在所有的功能特性、组成部分之间进行集成,并且要有信息安全方面的保护,以防止黑客介入。

目前的物联网尽管才刚刚起步,但联网设备的数量正在迅速增长。根据思科公司的统计,目前全球约有130亿部无线联网设备。鉴于全球人口数量略大于70亿,这就意味着全世界的联网设备数量已超过人口数量。

美国的《福布斯》杂志载文指出,以前,万物互联的想法总是让人有种噱头的感觉。以三星声名狼藉的"智能冰箱"为例,2011年在国际消费电子展亮相时,三星高管一本正经地提问:"大家未来可以在冰箱上观看YouTube视频,那电视机还有什么用呢?"和当时很多所谓的"智能"设备一样,这款冰箱只是号称创新的无聊奢侈品而已。

不过，当谷歌斥资32亿美元收购了美国Nest Lab智能家居设备商推出的具有自我学习功能的智能温控器之后，"万物互联"的概念再一次引起了关注。但是，在这些技术成为主流之前，该行业需要解决一个主要问题：他们能否让消费者相信这些设备是安全的且不会侵犯他们的生活。

美国媒体登载过一个案例：塔吉特百货就曾发生了巨大的数据入侵。塔吉特百货的通风与温控系统其中的一个供应商被入侵，黑客通过远距离接入了零售网络，引起塔吉特百货的其他系统发生连锁反应，例如支付系统、刷卡消费系统。这一次入侵窃取了在塔吉特百货消费过的7000万消费信用卡信息以及与支付卡相关的债务信息。好在规模巨大的零售商能从攻击中幸存下来。

然而，如果是中小企业遭遇到这样的事情，就极有可能导致其不得不关门歇业。

网络黑客对物联网的危害并不止于此，此前还发生过网络黑客操控智能汽车和无人机的事件，甚至还出现过黑客入侵胰岛素泵等医疗设备的恶性事件。

而在关于美国Nest Labs的收购消息出现三天后，有报道称，研究人员首次发现了涉及物联网的大规模网络攻击。其中，联网电视、音箱、路由器甚至冰箱都被发送了数十万封恶意电子邮件。

卡巴斯基首席安全研究员舒温伯格表示："物联网时代来临时，袭击的目标越来越多，甚至包括微型企业也会遭到袭击，所以，这需要从全方位关注。"

提供"安全技术"的全球知名商业机构Sophos的高级国际安全顾问凯斯特表示，"相对来说，那些规模比较大的企业所做的最重要的

推动物联网发展的技术性革命

事情不是将其所有设备连通，而是至少知道风险因素的存在。我们应该找到最安全的防范措施，而不仅仅是堵住安全漏洞。"

我们希望围绕着开放性、数据所有权、隐私以及删除这些设备所收集的数据，制定物联网《权利法案》。

美国

无可否认，美国在物联网革命中处于前沿。美国有诸如苹果、博通、英特尔、福特、IBM和通用电气等公司，还有大行众包之道、利用加速器基金和创投基金的许多个人和初创企业，他们纷纷推出了自己的物联网设备，美国确实是这个人有发展前途行业里的金矿。

韩国

有"宁晨之地"之称的韩国在科技进步上可是不甘消停。韩国国内最大的电子巨头三星和其他公司的产品风靡全世界。三星产品不仅是苹果移动设备产品的竞争对手，三星还生产其他消费电子产品，如能够联接到互联网的家电，一个例子是带WiFi功能的冰箱，可以显示新闻更新、天气预报、照片等，还可以与谷歌的日程安排同步。

德国

许多德国公司也在物联网上打出了名堂。移动动力供应和数据传输系统制造商CONDUCTIX-Wampfler提供技术支持协助一些国家努力推动清洁空气行动，其中有无线充电技术，比如英国和意大利的公车可以通过其提供的安装在街道上和公车上的感应充电器进行无线充电。

日本

日本一直在默默无闻地着力于物联网应用，速度缓慢但进度稳定，没有炒作。

日本有超过317万个物联网用户，电信公司NTT DoCoMo的用户约占其中的一半。大约150万用户属于交通、监控、远程支付(包括自动售货机)、物流服务以及遥测。电信运营商KDDI公司专注于大容量的物联网通信，在运输和物流领域的用户超过100万，其物联网通信服务包括车内、小规模、轻量、低成本类型的服务。

日本的物联网市场预期在遥测、交通管理、电子支付、监控、数字告示系统以及数据备份等行业会蓬勃发展，并带动日本已经饱和的移动市场发掘新的增长领域。

任何新技术包括一定数量的不确定性和业务风险。在物联网的情况下，关键硬件和软件现有或正在开发，利益相关者需要解决安全和隐私问题，实现开放标准和协作将使物联网安全、可靠和可互操作，并且允许尽可能无缝地提供安全保护的服务的交付。

物联网时代的产业互联

随着技术的发展与互联网企业的不断创新,以百度、腾讯、阿里巴巴为代表的互联网巨头频频出手,一系列眼花缭乱的模式创新与并购整合,布局了从传统搜索、社交、游戏、电子商务到O2O、P2P等众多新兴领域,在消费级市场建立了庞大的生态体系,不断改变着人们的消费与沟通方式。互联网在消费领域的蓬勃发展,让人们看到了互联网在工业制造、产业协作等企业级应用领域的巨大发展空间与可能性。

这推动着互联网企业纷纷将眼光投向价值更高、直接付费意愿与能力更强的企业级领域,以期复制"互联网思维"的成功模式,重构传统产业生态。于是,一个全新的概念也因此应运而生——产业互联网。

在我国互联网飞速发展的20年中,互联网产业出现了百度、阿里巴巴和腾讯(BAT)这样的互联网巨头,他们在搜索、电商和社交领域都崭露头角,同时他们也代表消费互联网已达到顶峰状态。然而从互联网发展的角度看,消费互联网市场已趋于稳定与饱和,而对实体资源有充分把控能力的企业仍有很大探索空间,他们正开始尝试与移动互联网融合，创造全新的价值经济，进而推动互联网行业迈向产业互联网时代。本文着重探讨消费互联网时代的特征，BAT在消费互联网时代的战略布局，以及投资人对消费互联网企业的看法。

消费互联网是一种眼球经济

消费互联网即以满足消费者在互联网中的消费需求应运而生的互联网类型。其具备两个属性，一个是媒体属性，由提供资讯为主的门户网站、自媒体和社交媒体组成，另一个是产业属性，由为消费者提供生活服务的电子商务及在线旅行等组成。这两个属性的综合运用使以消费为主线的互联网迅速渗透至人们生活的每个领域，影响着人们的生活方式。

消费互联网的商业模式则是以"眼球经济"为主，即通过高质量的内容和有效信息的提供来获得流量，从而通过流量变现的形式吸引投资商，最终形成完整的产业链条。在消费互联网时代，互联网以消费者为服务中心，以提供个性娱乐为主要方式，虽能在短时间内迅速吸引眼球，但由于其服务范围的局限性，以及未触动消费者本质生活，也易导致其迅速淹没于互联网发展的大浪潮中。

消费互联网行业格局出现稳定

依托于强大的信息与数据处理能力，以及多样化的移动终端的发展，消费互联网企业在近几年扩张迅速，并在电子商务、社交网络、搜索引擎等行业出现规模化发展态势，并形成各自的生态圈，奠定了稳定的行业发展格局。

1、百度30亿美元布局四大战略

在2013年，百度围绕移动、o2o和LBS生活服务共投入30亿美元，进行了超过17起投资，百度的主要布局在移动云平台、LBS平台、金融平台及移动搜索平台战略。从大手笔收购91无线来看，百度已补齐了移动应用的短板，建立了移动搜索与应用商店相结合的分发模式；百度全资收购糯米全部股份标志，从本地生活服务平台过度到构建交易闭环的LBS+O2O的模式；百度将爱奇艺与PPS相结合使移动视频的用户覆盖率和月度观看时长将位于行业之首。同时，百度的百度大脑和大数据等项目也帮助百度奠定了搜索行业的龙头老大地位。

2.阿里巴巴布局移动互联与电商产业链

阿里巴巴为布局完善的电商产业闭环，在2003年投资规模达3000亿的菜鸟物流网，以及海尔集团日日顺物流等；同时为弥补移动互联短板，再次入股移动搜索平台UC，并任命UC董事长俞永福担任移动事业部总裁，强势完善移动端入口；阿里的另一个重大举动即收购高德，占据国内地图行业重要入口，为布局O2O及LBS打下重要基础。

3.腾讯布局社交媒体生态圈

相对于阿里、百度在移动互联网上的加速并购，在移动互联有天然优势的腾讯微信已稳坐移动社交媒体第一位的宝座，并成立了独立的微信事业群，加速移动互联的发展。同时涉足了移动支付、理财、游戏、地图、电商以及生活服务等众多领域，搭建起全新的以社交媒体为核心的生态体系。

从竞争格局角度来看，大多数细分行业的洗牌已经完成，拥有资本和先发优势的巨头在行业类的领先地位得到巩固，格局走向稳定，行业集中度逐渐提高。

互联网行业巨头在产业互联网中无明显优势

在互联网发展的20年中，消费互联网的渗透率从呈快速上升到如今的缓慢增长，不难看出消费互联网已趋于稳定，2016年中国互联网用户数已达7.18亿,同比增速下滑至个位数,用户数和用户活跃度进一步提高的空间有限。从BAT方面来看,三大巨头在介入互联网产业领域并非一帆风顺。阿里巴巴集团试图进入企业软件服务领域,然而在经过四年的努力后,仍以失败告终;腾讯则从企业QQ入手,推出企业QQ办公版,但经过9年积累企业用户也只有40万,与其在消费互联网地位相差甚远。由此可见,BAT的客户积累和运营经验主要集中在个人客户,其在向产业互联网拓展过程中优势已不再明显。

消费互联网产业投资热潮已过

早在2012年11月份,《华尔街日报》报道了美国消费互联网公司的风投变化情况,当时该文章即指出消费互联网和移动公司的风头在2012年的前9个月与同期比下降了42%。下降的最大部分不是在种子轮投资而是在后续的跟投。同样的情况逐渐在中国显现,由于一些互联网巨头已占据了绝大部分的市场份额,消费者在网络上的行为习惯也已趋于固定,重新创建一个大的用户群要比过去更加复杂;同时据相关数据显示,中国移动端的普及率已达到98.3%,人们使用移动端已超过笔记本电脑25%,然而在技术方面移动端要比web端开发难度大,在移动和应用程序的转型中,无论对创业成本还是投资消费都是相当大的挑战;除此之外,投资人在趋势与导向上的跟风效应明显,从消费市场向企业市场转移的趋势也使部分投资人转移投资领域。在互联网发展的前20年中,我国的互联网行业处于由BAT把控主要命脉的消费互联网时代。然而随着虚拟化进程逐渐从个人转向企业,以价值经济为主要盈利模式的产业互联网将逐渐兴起。产业互联网的到来意味着各行业如制造、医疗、农业、交通、运输、教育的互联网化。同时,由于传统的消费互联网巨头在行业经验、渠道、网络和产品认知等方

推动物联网发展的技术性革命

面的壁垒,产业互联网将呈现一片蓝海。互联网产业研究将在本文深入探讨产业互联网的核心要素,及其将会影响的三大领域,同时指出未来产业融合发展的三大路径。

随着移动终端多样化的发展,智能终端如可穿戴设备的兴起,以及云计算和大数据的处理能力,互联网逐渐从改变消费者的个体行为习惯,到改变企业的运作管理方式与服务模式,互联网时代开始"从小C时代"逐步过渡到"大B时代"。

在这场变革中,有三项关键技术加速了产业互联网时代的到来。

首先渗透与普及率较高的智能终端,智能手机与平板电脑等智能终端的迅速兴起,使人们每日虚拟化的时间进一步拉长,而如谷歌眼镜、智能手环的发展,更是使智能设备贯穿每日的24小时,这就意味着来自个人的大量信息将全天候不间断地向信息中心传递数据。拥有大量数据后,高效运作的云计算能力将对这些数据进行有效处理,通过关联性分析得出相匹配的数据,从而发挥其大数据的重要作用;而不断升级的宽带网络将在大数据的信息传递中扮演重要角色,在企业方面,将助力产业互联网时代的生产资料"大数据"的快速传输,在消费者方面,将提升服务体验,增加服务形式。新的计算及计算技术与应用将以更低成本的传感器、数据存储和更快的数据分析能力,推动产业互联网时代的大举到来。

产业互联网作为一个新兴概念,目前业内对其尚无一致定义,但它是明显区别于消费互联网的企业级互联网应用大市场,涵盖企业生产经营活动的全生命周期,通过网络提供全面的感知、移动的应用、云端的资源和大数据分析,重构企业内部的组织架构,生产、经营、融资模式以及企业与外部的协同交互,实现产业间的融合与产业生态的协同发展。

产业互联网有别于消费互联网主要体现在两个方面，一方面是用户主体不同，消费互联网主要针对个人用户提升消费过程的体验，而产业互联网主要以生产者为主要用户，通过在生产、交易、融资和流通等各个环节的网络渗透从而达到提升效率节约能源等作用；另一方面是发展动因不同，消费互联网得以迅速发展主要是由于人们的生活体验在阅读、出行、娱乐等诸多方面得到了有效改善，使其变得更加方便快捷，而产业互联网将通过生产、资源配置和交易效率的提升得到推进。

产业互联网的商业模式有别于消费互联网的"眼球经济"，而是以"价值经济"为主，即通过传统企业与互联网的融合，寻求全新的管理与服务模式，为消费者提供更好的服务体验，创造出不仅限于流量的更高价值的产业形态。

生产制造体系：以用户为导向的个性化设计

产业互联网在与传统企业融合中的最大特点，即将原有以企业为导向的规模型设计转向以用户为导向的个性化设计。从产品功能研发到产品包装设计，每一个部分都通过互联网思维与用户建立关联，争取更广泛的互动，从而形成有效的生产制作方案，强调用户的参与度，尊重用户的个性化需求。同时智能家居在产品功能设计方面，越来越多的产品通过支持联网功能达到智慧化应用程度，不仅改变了人们的使用习惯，更拓展了生活维度，享受到智能科技在生活细节中的应用。

销售物流体系：线上线下一体化是主要趋势

传统行业为了节约资源与时间成本在分销采购等方面已逐渐采用

B2B的交易方式。据工信部统计，我国B2B业务已将近磁万亿，企业也更重视线上平台交易与建立，并逐步完善支付手段、电子商务安全认证等体系，也促使大量的批发业务由线下转移到线上交易。

在未来，企业应充分利用线下资源的优势，拓展线上平台，并将线下的物流、退货等业务流程进行线上管理，最终实现线上线下一体化。由此看来，产业互联网在物流交付平台和信息集成交易平台的建立是企业与互联网融合的一个重要方向。

融资体系：建立中小企业增新服务平台

由于我国金融行业长期受体制因素的限制，导致结构失衡，明显体现在20%的大企业客户占用了80%的金融资源，银行借贷动力不足，使得众多中小微型企业得不到有效的金融服务，制约其发展。互联网金融由于其成本低效率高，同时解决信息不对称等问题，或将在中小微企业融资领域发挥重要作用。

产业园区的搭建，有利于吸引龙头企业、产业链和产业集群，通过电子商务等手段进一步实现产业集群向"在线产业带"的转型，互联网金融千人会华南分会秘书长曾光认为，重点发展产业互联网需要着重推动传统产业与互联网金融结合，从打造在线要素交易融资平台入手，盘活存量资产，用电商和互联网平台推进企业信用信息服务平台建设，在产业园区内最终建立起专业市场投融资体系。

积工业和信息化部总工程师张峰认为，一个行业进入繁荣发展时期，企业直接面对众多用户的简单"B-C"模式难以为继，因此需要一个向上衔接生产企业、向下服务终端用户的生产性服务业出现，变"B-C"为"B-B-C"。

生产性服务业的发展水平，是衡量一国经济现代化程度的重要标志。当前，新兴信息网络技术已经渗透和扩散到生产性服务业的各个环节，催生出各种基于互联网的新兴服务业态，并成为互联网经济背景下成长性最高的产业群，在生产性服务业领域引发一系列深刻变革，从技术应用、服务内容、商业模式各方面都对现有的服务业带来巨大的提升。因此生产性服务业的发展壮大将是下一个重点融合方向。

在产业互联网初发萌芽阶段，这一时代促使传统互联网要有自身意识的改良，同时互联网企业包括运营商等应去积极主动的引导与帮助传统行业转型。

中国互联网协会常务副理事长高新民认为，一方面传统行业要借助互联网的力量，从互联网的思维出发，仔细研究互联网环境下产业的走向问题，积极应对在互联网迅速发展下所带来的危机；另一方面，互联网企业需要担负起自身责任，从理念、战略定位和经营方式上向传统行业提供相关咨询型服务，从而使两者在产业互联网时代共同迅速发展。

不可否认，产业互联网的新浪潮已经来临。虽然产业互联网的发展现在仍处于起步探索阶段，具体的发展模式尚未成熟，但正因如此，其中所蕴含的潜力与商机也还未得到充分挖掘，未来发展空间巨大。伴随着技术的发展与模式的创新，产业互联网必将大力推动产业的升级发展，成为充满商机的一片新蓝海。企业应当以积极和包容的心态看待它，洞察机遇，调整自身，依托产业互联网新浪潮，寻求自身更大的发展。

第四章
物联网对工业革命的改变

在工业4.0时代,物联网技术将在很大程度上提高人类的社会生产率。目前在各个行业领域中,互联工厂、互联城市、互联设施、互联公共安全等,越来越多的事物都已经与网络接轨,物联网已经不再是一个概念性名词,而是已经深入渗透到人类生活的方方面面,涵盖了交通、电力、水利、医疗、家居、制造业等。

物联网对工业革命的改变

工业革命的变迁

人类正在经历一场全新的工业革命，其规模并不亚于前三次工业革命：18世纪以蒸汽机的广泛应用为标志的第一次工业革命、19世纪电力广泛应用的第二次工业革命和20世纪以互联网为标志的第三次工业革命。由智能机器人掀起的这第四次工业革命将使人类智慧第一次受到挑战。

众所周知，旧的世界正在消逝，新的信息技术使整个世界高度互联。这些变化与人类历史上曾经发生的变革完全不同，国家之间的竞争不再仅限于地域战场，还包括了对未来技术的掌控能力以及如何使之盈利的能力。

机器与人工智能的完美应用将在未来几十年内迅速普及，不断挑战人在工业生产与决策过程中的价值和可靠性。从市场营销、客户关系，到人力资源管理，新一代机器将为企业组织带来翻天覆地的变化。

这一变化的特点主要有三：基于研究与技术的巨大优势、主要源于物质世界的数字化进步、将诸多不同的技术整合而形成全新的系统。对于企业来说，这种结合将产生更高的价值，创新性与灵活性兼而有之。对于管理来说，这一技术变革将打乱传统的组织方式，为员工提供便于发挥他们创造性、自主性及自发性的工具和解决方案。随着物联网时代的脚步悄然逼近，制造业迎来了新的变革。中国的"中国制造2025"、德国的"工业4.0"、美国的"工业互联网"是现今三个具有代表意义的国家层面上的战略。从表面上看，影响的似乎只是从事制造业的人，但作为一个国家的重要基础，制造业的发展与每个方面都息息相关。

我们已经知道，在物联网领域，智能互联产品已成为制造业的发展趋势和转型方向。哈佛大学商学院教授迈克尔·波特与PTC全球总裁兼首席执行官詹姆斯·贺普曼在《物联网时代企业竞争战略》一文中，详细论述了这一趋势对商业世界的影响。在他们看来，这种全新的产品将颠覆现有的企业价值链，改写产业结构和竞争本质涵义，迫使企业重新思考自身的方方面面，甚至重构组织架构。在2014年《哈佛商业评论》中国年会期间，《哈佛商业评论》专访了詹姆斯·贺普曼，他详细分享了自己应对物联网的经验和举措。他说企业只有加紧构建智能构建生产能力，才能够获得进入这一商业世界的门票。

在这个网络经济的新世界里，一句格言说得无比正确：没有一家公司愿意做孤岛。手机、云端、社交媒体和M2M技术正在创造比以往更多的途径来联接个人和组织，而这些更智能、更快、更全球化的东西已经在很多方面以我们未曾想过的方式改变着商业。

你可能会怀疑，怎么改变呢?很简单，如今的商业需要有供货商、贸易伙伴、股东和客户进行互动，但是很多互动仍然是靠着低效率的技术，例如打电话、发邮件之类。另外，这些互动一般是发生在你已

物联网对工业革命的改变

经建立连结的人和组织间，限制了潜在价值。

如今的网络经济给更广泛、高效的联接提供了机会。除了个人联系之外，网络还带来了现有的和潜在的供应商、合作伙伴、经济和物理价值链上的消费者，还有日益增长的M2M传感器和设备。

但是网络真正的力量在于它内部在发生着什么——所有的交互、交易、评论，以及他们所产生的海量数据。企业把眼光放在简单的交易之上，并深刻认识这些见解和数据后，他们可以体现出真正的竞争优势。如果你正在进入一个新市场，你会如何进行风险评估？你如何确定什么样的产品会被本地人接受？你有自己的专家分析，有自己的市场数据，但是你的供应网络、合作伙伴、消费者可能会告诉你更有价值的信息。

过去，企业依靠点对点的商业网络，建立双方的直接联系。网络主要是用来让企业更高效地执行特定的过程，例如购买、出售、开发票。

如今，消费者和商家来加强彼此间的关系，并用各种方法来建立社群、建立新的联系、分享信息、进行交易等等。买家通过网络来寻找合适的伙伴，优化支出和供应链。卖家们利用网络来随时随地接洽消费者，提高满意度和钱包份额。

这并不是水晶球幻象般不切实际的未来主义，它是实实在在存在的。社交工具和商业网络早已改变了业务性质，现在的企业已经比以前更加移动化，现在的机会是利用连通的大平台，让新过程只能在网络环境中进行，并在推动运营中创新。

这意味着利用商业网络和企业社交软件正成为一个有竞争力的差异化因素。我们已经看到许多的企业因为具有敏锐的洞察力和最新的情报进行新的进程，推动了创新和竞争优势。

企业如果没有网络支持，将不再具有竞争力，然而像越来越多的使用云计算、M2M技术这些趋势的融合，加上技术的进步正在壮大供应链，这让企业没有其他选择。

这不是一个糟糕的选择，而企业通过网络进行联系和合作会更好。麦肯锡公司的报告中说，使用网络进行业务的企业是比同行的销售额增加了50%，也有更高的利润，获得了更多的市场份额，成为市场领导者的可能性也较大。

他们和消费者的联系也更加紧密，创新和客户关系都在转化。正如消费者进军个人网络一样，更好的分享和购买，企业将充分利用商业网络得到的信息来感知当下，而且也去展望未来并通过主动的风险预测在市场趋势中塑造自己的优势提供产品和服务，来提高销售额和占领更大的市场份额。

业务网络结合社交平台是一个制胜法则，而我们才刚刚起步。毫无疑问，网络经济将给我们的未来带来深远的影响。

在《物联网时代企业竞争战略》一文中，哈佛大学商学院教授迈克尔·波特与PTC全球总裁兼首席执行官詹姆斯·贺普曼为企业提出了十大战略疑问，而对于这十个问题，詹姆斯·贺普曼并没判断性的给出对和错的答案，他们认为每个企业都必须根据自身的不同情况和原有战略来决定未来的发展方向。在PTC进行物联网布局的时候他们也曾自问过这些问题。詹姆斯·贺普曼PTC 名片上就写着"产品和服务的优势"，也就是说詹姆斯·贺普曼实际上在帮助客户设计产品并且提供服务，PTC所有的产品就是物联网里面一个个"物体"。对于为什么某个产品要跟互联网联接在一起？詹姆斯·贺普曼的答案主要

物联网对工业革命的改变

是三个方面：一是提供更好的服务，二是提供更好的控制和运营，三就是使产品本身变得更好。

对于PTC而言，物联网是他们公司理念的一个延伸，PTC结合物联网的过程中自身商业模式也发生很大变化，从卖软件变成了提供以服务为产品的模式。詹姆斯·贺普曼的目标就是帮助企业去构建更好的工厂、生产更好的产品、提供更好的服务。

在过去，詹姆斯·贺普曼对PTC现有的商业模式做了调整，曾两次对物联网公司进行大规模收购。这样的调整使得PTC跻身于物联网市场的领先位置。下一步会大力整合现有优势，提升现有技术，并且适时考虑再进行相关收购。此外，詹姆斯·贺普曼还与各地通信商、系统集成商建立了更为广阔的合作伙伴关系，他们将是智能互联产品技术应用及推广的关键节点。

总之，物联网已成为PTC新的商业战略的核心部分，但是詹姆斯·贺普曼并不是把它看成新的战略，而是把它看作原有战略的一种革命性的延伸。

在物联网时代，企业的竞争优势最终要取决于战略。在智能互联时代，公司需要面对10项全新的战略选择。每项战略选择都涉及取舍，公司必须根据自己特殊的环境进行选择。不仅如此，这些选择相互依存，它们必须能相互促进加强，从而形成公司独特的整体战略定位。

战略选择1：对于智能互联产品，公司应开发哪一类的功能和特色？

战略选择2：产品应搭载多少功能？多少功能应该搭载在云端？

战略选择3：公司应该采用开放还是封闭系统？

战略选择4：对于智能互联产品的功能和基础设施，公司应该进行内部开发还是外包？

战略选择5：公司应该对哪些数据进行捕捉、保护和分析，从而实现客户价值的最大化？

战略选择6：公司应如何管理产品数据的所有权和接入权？

战略选择7：对于分销渠道或服务网络，公司是否应该采取部分或全面的"去中介化"战略？

战略选择8：公司是否应该改变自身的商业模式？

战略选择9：公司是否应该开展新的业务，将数据出售给第三方？

战略选择10：公司是否应该扩大业务范围？

在上述10个方面，企业必须做出清晰的选择，并且保证每个选择都能连贯统一，相互促进。例如，立志在产品系统中领先的公司，就必须进入相关产品领域，进行产品内部优化、收集详细的使用数据，并在内部开发技术架构需要的能力。相反，聚焦于单一产品的公司必须具备业内最佳的产品功能，提供透明开放的界面，使产品稳定地融入其他公司的系统和平台中，成为系统不可或缺的一部分。最终，成功取决于企业是否具有独特的价值主张，以及能否将这些主张付诸实践，而非通过对竞争对手的简单模仿。

物联网对工业革命的改变

物联网改变商业模式

物联网的推广对商业模式创新意义巨大，它不仅仅是指完善公众熟知的框架及简化原有的商业模式。为了从全新的、基于云计算的新机遇中获得竞争优势，当今企业需要从根本上反思他们传统的价值创造与价值获取的方式。

在商业模式调整的影响下，詹姆斯·贺普曼在组织结构或管理上做了跟进调整，目前PTC的组织结构有了很大变化。主要分为三部分，第一部分是面对传统的制造型客户；第二部分是新兴目标机会，比如一些垂直领域市场、政府以及行业协会，包括农业、传输等行业，詹姆斯·贺普曼希望开拓智慧农场、智慧城市等领域；第三部分就是大力发展的合作伙伴关系，包括与通信商、系统集成商。詹姆斯·贺普曼需要他们的帮助来实施自己的技术解决方案。

全球领先的网络解决方案供应商思科公司估算，目前全球约有130亿部无线联网设备。而据美国另外一家市场研究公司预测，到2020年，这个数字将超过300亿；到2017年，与物联网相关的技术和服务收入预计将达到7.3万亿美元。

这个庞大的数字关系着全球科技市场的未来。

据《经济学人》预测，到2020年，全球将会有500亿个智能设备，平均每人有7个；而到2025年，将达到1万亿个智能设备，城市地区每4平方米就会有一个智能设备——城市几乎完全被智能设备所覆盖。从联网的复杂程度和产生的数据量来看，物联网比移动互联网的规模将再扩大10倍，这并不夸张。

互联网数据中心IDC预测，2017年，物联网产品及解决方案创造的市场价值将达到2万亿美元；麦肯锡则把物联网视为改变生活、商业和全球经济的12大颠覆性技术之一，2025年的市场规模预计达6.2万亿美元，是3D打印市场的10倍。

美国参数技术公司全球首席执行官贺普曼指出，物联网不同于传统意义上的互联网，互联网强调"人"的联接，而物联网强调的是"物"，万物互联的世界产生的变化就是创新的驱动力。

在贺普曼看来，物联网时代之所以会到来，离不开三大因素的激励：芯片的发展——摩尔定律使得芯片的计算速度在过去几十年间飞速发展；通信的发展——各种通信技术让联接成为人们生活不可或缺的部分；智能产品（也就是"物联网"中的"物"）的发展。

互联网的发展，改变了这个世界。而物联网的发展，将会再一次改变这个世界。

首先，原先硬件创造的价值正在被软件创造的价值所共享，与硬件相关联的软件创造的价值将超越以往任何时候。其次，联接让我们对智能硬件在软件方面的创新提供了新的选择，从而创造"新的智能"。云计算的颠覆性由此体现。第三，智能联接产品会带来商业模式的变化——从销售产品到销售服务。

微处理器行业的一家知名企业ARM创始人兼首席执行官麦克认

为:"物联网提供了一种简捷之美,你可通过同一个网络浏览器找到并控制你的灯泡,且不用在意正在使用的是 WiFi 还是 3G。网络浏览器不在意是需要一台还是数千台不同的服务器才能通过卫星、电缆或光纤联接到你。"

2014年,大数据享有至高无上的地位,但现在,大数据已经跌入低谷,物联网取而代之。在2012年和2013年,市场调研公司高德纳分析师们曾认为,物联网还需要10年以上的时间才会发展成熟,但到2015年,他们认为物联网只需要5到10年时间就会达到最终成熟阶段。

如今,可联网的电视已十分普及,它为人们提供了有用的附加功能,例如流媒体服务、网页浏览。电子制造厂商LG承认了一些LG电视样机会跟踪用户的收看内容并将汇总数据传回公司。LG称,这样做是为了为其客户提供个性化广告。不过,电视系统中存在的错误使其不停地收集数据,即便在关闭此功能后也无济于事。

重要的是,物联网的推广对商业模式创新意义巨大,它不仅仅是指完善公众熟知的框架及简化原有的商业模式。为了从基于云计算的新机遇中获得竞争优势,当今的企业需要从根本上反思他们传统的价值创造与价值获取的方式。

价值创造是任何商业模式的核心要素,它包括了为增加公司产品、服务的价值和提升客户购买意愿而采取的行动。

但是在一个互联网联接的时代,产品生产不再是一蹴而就的过程。通过线上更新,产品的新特性与新功能可以定期地被推送到消费者的产品上,对使用中产品的追踪能力使得及时响应客户需求成为可能。当然,现在物品间可以互联,则能够通过更有效的预测、流程优化及客户服务体验等方面提供新的分析及服务。各种各样的消费类产品及服务,从巢牌恒温器到飞利浦色调灯泡再到IFTTT网站服务,都为基于物联网的价值创造可能性提供了最好的注脚。

微软的用户体验设计合作伙伴负责人艾伯特指出,"商业模式是关于创造价值体验的过程。通过物联网,你可以真正地看到消费者是如何看待体验的:当消费者路过一家商店时,如何发现产品,如何购买产品,之后如何使用产品,通过这些观察,制造商最终可以弄清楚,自己还能做什么,什么样的服务能够优化用户体验并赋予产品新的生命。"为了探讨互联体验的潜在影响,促进设计师、技术人员及业务人员对话交流,艾伯特的团队还发布了一个名为"互联:制造商们"(Connecting: Makers)的记录短片。

在互联空间赚钱并不限于实体产品的销售,在产品售出后,通过增值服务、订阅服务、应用服务等形式产生的收入可以很容易地超越产品价格,获得额外的收益也就成为了可能。

思科企业发展副总裁罗布·萨瓦尔格诺说,随着物体、数据、流程和人互相联接起来,物联网标志着一个创造价值的巨大机会。

价值创造是任何商业模式的核心要素,它所牵涉的经营活动必须能够增加公司产品及服务的价值,并提升客户的购买意愿。在传统的制造型企业,创造价值意味着持续识别出客户需求,由此推出设计精良的解决方案。此时,竞争很大程度上是不同产品功能之间的比较。而当产品功能创新达到无以复加的时候,价格战就随之而来,产品也就该被淘汰了。在工业革命后的250年间,这种商业形式每天都在上演,就发生在你我身边的大型电器超市及百货商场。

从一个企业的实际管理者出发,詹姆斯·贺普曼谈及如何看待物联网对企业价值链的影响。詹姆斯·贺普曼认为:产品是按照价值链走向来贯穿流通的，但产品本身缺乏与价值链互动关联的能力。如今，智能互联产品具备了自主反馈的互动功能，可以向工程师、厂商反馈数据和信息，使工程师知道产品运行得怎么样、哪些地方需要进一步改善；也可以向销售部门、营销部门反馈数据，让他们知道消费者是如何使用产品的，并获知产品升级换代的可能性，以便销售更优良的产品。售后服务部门更是受益良多，他们可以知道产品什么地方发生了故障，甚至提前进行处理。在詹姆斯·贺普曼眼中，物联网对价值链的改造是全方位的，从产品的设计开发、销售，直至营销、售后等各个环节。

价值链是否与商业模式具有连带作用。詹姆斯·贺普曼的观点是智能互联型产品可以提供一种共享的商业模式，而且能够提供非常有效的客户服务。基于这些特点，企业可以完全考虑从以前的出售商品的模式，而转变成以"服务即商品"的模式，或者是共享的商业模式。但究竟要不要改变，仍然需要具体企业具体分析。

在詹姆斯·贺普曼看来，物联网实际上与制造业是一体的，几乎所有物联网里的"物"都是从工厂里面生产出来的。詹姆斯·贺普曼说："即使是农场里的奶牛，也可以通过在其身体里安装电子装置，实现与互联网联接起来。"产品概念会不断演化，但智能、互联两个要求，仍然必须依赖于制造业。

与价值创造类似，与云端的互联形成了关于价值获取的全新思维模式，即客户价值的货币化。在大多数制造型企业，价值获取就是简单地合理定价，以从零散的产品销售中获得最大化利润。有时，这也会促发一些创新性的方法，比如吉列公司非常著名的刮胡刀与刀片搭售模式（低价销售刮胡刀，以带动高价刀片的销售）。企业利用核心能力确保产品上市过程中利润最大化,这有助于企业控制住价值链的关键点,例如产品成本、专利及品牌优势。

然而,在互联空间赚钱并不限于实体产品的销售,在产品售出后,可以通过增值服务、订阅服务、应用服务等形式产生新的收入,这很容易超越产品最初售价,形成额外收益。对此,风投公司OATV负责人勒妮·迪雷斯塔(Renee DiResta)曾表示:"能够产生经常性收益的东西,对风险投资者更具吸引力。如若不然,商业模式的成功,就只好寄希望于潜在客户的忠诚度及成为回头客的可能性。"

得益于物联网,企业在价值链上的控制点范围也有所扩展。随着时间的流逝,信息增益所形成的个性化、情景化因素,以及更多产品加入平台后形成的网络效应,将牢牢"锁定"客户。同样重要的是,企业在发展核心能力的时候,会更加强调发展伙伴关系的重要性,而不只是强调内部能力的建设。因此,要想基业长青,就必须了解生态系统中其他企业是如何盈利的。开源物联网平台Spark的CEO 扎克·苏帕拉(Zach Supalla)说:"在物联网时代,你不能再孤立地思考一个企业,市场层次远比传统产品更为丰富而复杂。你需要考虑如何将产品市场化,如何让你的产品帮助他人创造并获取价值。"

迈克尔·波特教授在其《竞争战略》一书中描述了三种基本战略:差异化、成本领先及聚焦战略。在某些行业,这些基本战略时至今日仍然适用。而在越来越互联的产业中,差异化、成本领先及聚焦之间不再互相独立,相反,它们在价值创造与价值获取过程中相辅相成。如果你的企业王者在位,过去是通过传统产品的商业模式缔造了商业帝国,那么,你得当心了,因为你的竞争对手和具有颠覆性思维的新兴企业正通过物联网获得竞争优势。

物联网对工业革命的改变

工业互联网的形成

物联网的核心是工业互联网。它提供了支撑联网机器和数据的基础设施。这个词语通常被认为是由制造业巨头美国通用电气公司提出的，指机器与实现物联网的传感器、软件和通信系统的整合。工业互联网统筹了诸如大数据、机器学习和机器对机器等领域中的技术和工序。

一些人将这种联网的商业世界称为工业4.0，将其视作第四波颠覆性的工业创新（之前的三波包括机械化、大规模生产及计算机和电子学发明），或者直接称之为智能工业或智能制造。毫不奇怪，不同的企业为这种新现象起了不同的名称。例如，IBM将其描述成智慧的地球，而思科系统简单地称之为物联网。

不管具体的名称是什么，科技和商业的下一阶段所具有的结构框架基本相同。工业互联网和物联网拥有相同的科技根基和相同的虚拟空间，尽管前者被视为一种独特的实体或物联网组成部分，但是这两者有一个共同目标——混合与模糊物理世界、虚拟世界以及人类与机器的分野，从而创造出比任何单独的机器或设备都要强大很多的智能。

所谓虚拟化设计就是用尽量多的软件来完成原有的产品设计、样品制造、性能测试，乃至各种模拟和仿真。在这一方面传统的自动化软件、仿真软件可以发挥巨大的作用，它们只要和新的工业互联网理念整合在一起就够了。但是真正意义上的产品数据管理（Product Data Management，PDM）和产品生命周期管理（Product Lifecycle Management，PLM），需要企业在管理上和设计流程上进行很大的改变，而这一方面当今的很多中国企业其实并没有准备好。

虚拟化设计环节完成之后就可以进入自动化的制造环节，在这一环节德国人给出了一个非常有意思的概念叫做"自己生产自己"。其实当所有的零部件被赋予标签，在设计环节赋予了它准确的产品身份和出厂场景的设定之后，生产线和被生产的产品之间的对话就是自然发生的事情了。这时机器人的介入，包括生产机器人、运输机器人，还有智能库存的管理就变得顺理成章。这种高度自动化的生产将使生产效率和生产的柔性化得到极大的提高。

丰田公司在汽车行业早已实现了生产的高度柔性化。今天以德国和日本汽车业为代表的汽车行业，可以说是智能生产领域的先驱，他们对智能机器人和自动化设备的使用是非常领先的。更进一步，德国人正在探索更新的智能化工厂。

西门子在位于德国安贝格的西门子电子制造工厂（EWA），尝试使用我们谈到的智能化生产的各种要素，来颠覆式地重塑他们的生产工艺和流程。因为生产的高度智能化、自动化，还有产品的模块化、标准化以及标签化，可以使得产品制造过程达到高度的柔性，其生产流程可以伴随着不计其数的组合和错综复杂的供应链变化进行持续的优化，而效率又可以获得很大提升。

物联网对工业革命的改变

这一家工厂在生产面积没有变化的情况下,产能却在采用新的智能化设备之后提升了8倍,产品质量更是比25年前提高了40余倍。EWA的产品质量合格率高达99.9988%。他们每年能生产出约1200万件西门子的PLC产品,几乎平均每秒就能生产出一件产品。当智能工厂和智能生产进入这样高度的自动化和柔性化之后,所产生的巨大信息和数据,反过来又能够不断地作为优化制造和设计的基础数据源,这时大数据分析自然就派上了用场。同时,累计的历史数据、维修数据、各种材料数据,又可以构建出更大的虚拟的产品库。

在这一方面,美国的GE公司在航空发动机的生产和维修方面也在进行着积极的探索。对航空发动机的在线监控和故障诊断,是确保每一台航空发动机这一飞机心脏安全运行的至为重要的技术。但是如果将发动机从生产到维修的所有数据全部整合在一起,进行一种全生命周期的模拟的话,所带来的数据分析质量和对故障的预测程度就远非在线实时监控所能比拟了,也就是说我们可以用软件构建一个完全虚拟意义上的发动机模型,而这个发动机是我们所拥有的实时监控数据和历史上的生产数据、维修数据、材料数据乃至天气等数据的集合,这个虚拟发动机集合了如此众多的数据信息,它对故障的预测和预防性维护水平将是单纯的在线数据监测所无法比拟的,而这个模型在大数据技术和高效的建模技术出现之前是不可想象的。

这一切将为积累大量技术的生产型企业进行高质量的产品质量维护、故障监测、故障预维护,以及产生新的服务项目奠定坚实的基础。同时,在系统层面上,可以对原有系统的效率进行更大范围的优化。因为系统的复杂度按照网络效应的计算,远远大于单台设备,或者若干机组的组合,对系统的重新建模分析,找到系统优化点,这一工作已非人力可以介入。大规模的建模和大数据分析必然会发挥更为关键的作用。这在计算资源高度分布发达、芯片价格极其低廉、而且网络尤其是无线网络随处覆盖的今天和未来，将变得触手可及，且十分廉价。

在今天，每一个公司都可以展望工业互联网的未来，做出自己工业互联网的未来设计。这一路径正在被探索，但是还没有标准路径，然而我们需要注意到的几个关键障碍，却是在实现这个道路的过程中需要关注的。

如今工业互联网的重点还是智能效用度量工具、车辆及资产追踪以及优化工厂、设施和机器的性能。不过，未来几年，现有的数字化设备将以更深更广的方式与机器互联。另外，工业互联网将成为更多消费型设备和系统的基础。

正如麦肯锡公司发表的《物联网》（The Internet of Thing）报告所述：

随着创造价值的新方式的出现，基于目前基本上为静态信息架构的商业模式将面临挑战。如果顾客的购物偏好在特定地点能被实时感知到，动态定价就有可能提高顾客做出购买决定的可能性。理解一种产品使用的频率或强度可以提供更多种选择——例如有些产品可能更适合按使用次数收费而不是进行直接售卖。在制造工序中设置一批传感器就能实现更精确的控制，提高效率。而且，当运行环境时刻处于监控之下以防范风险或以便人们能够采取纠正措施避免损害时，风险和成本都能降低。能够利用这些功能的企业就比那些没有利用这些功能的竞争对手更能获益。

首先，今天的工业思维依旧是产品思维和硬件思维，而未来的工业互联网首先应该是软件思维,其次是网络和大数据思维。所谓软件思维就是说未来产品,即便软件不占到绝对统治的地位,至少和硬件是同等重要。而今天的工业企业依旧把软件功能作为硬件功能的附加,这一现象在几乎所有的大型工业企业身上都存在,这一传统思维方式似乎很难改变。那些能够突破这种思维方式的公司将脱颖而出。苹果就是用软件定义硬件,并且开辟了新的产业未来的佼佼者。各行各业里的苹果在我看来都会逐渐脱颖而出,那些不能够将软件置于未来产业重要地位的公司,将失去工业互联网的未来。

其次,产品的架构设计将不再依循传统的硬件大规模设计的方式。快速的迭代,类似于软件开发的设计方式,可能会大行其道,这就需要建立一种完全新型的系统化设计架构,而这一架构在当下即使是很领先的美国和德国的大型制造型企业当中,也是缺乏的,这需要每一个企业去做出勇敢的实践和探索。

最后,在标准方面,今天没有哪个企业,也没有哪个国家对未来工业互联网提出完整意义上的标准。没有标准,每一个企业就无法在数据通信层面上达成一致,在数据安全方面也更没有一套保障的机制和体系。德国人在智能工厂方面正在建立自己产业同盟间的产业标准,美国人以AT&T、思科(Cisco)、通用电气(GE)、IBM和英特尔(Intel)为基础成立的工业互联网联盟(Industrial Internet Consortium,IIC),也在制定通信协议方面的标准。对标准的参与和密切关注是每一个企业在设立自己的工业互联网路线图时必须关注的关键,关于工业互联网的未来,其实也和今天的互联网发展的未来一样,恰如硅谷著名的科技预言家凯文·凯利所说的那样,未来20年最重要的发明今天还没有出现。

我在这里想说的是，关于工业互联网，未来到底是如何，其实今天也不清楚。但是本书中所给出的各种探索和思考，希望能够提供一些基本的框架和方向，让我们在尝试的过程中逐渐完善，更重要的是中国企业可以在这个过程中找出一条自己的道路，创造一条产业转型升级的工业互联网的未来。

发挥联接的作用

对于投资者来说,最令人激动的物联网技术是所谓的工业互联网。工业互联网集软件和传感器于一体,使机器设备之间能即时通信。在制造业,工业互联网能减少停工时间,提高生产效率。

工业互联网能提高企业的利润,而且会惠及整个经济。据通用电气预测,未来20年,工业互联网将使全球GDP增长10万亿~15万亿美元,所有领域的投资者都将直接或间接受益于工业互联网。

通用电气和英特尔一直在通过工业互联网联盟推动通用标准和架构的开发,两家公司在更实实在在地推动新技术的发展方面都有良好的记录。

业内人士指出,尽管物联网最终将改变人们的家庭、家电甚至汽车,但物联网近期的影响将主要体现在消费领域之外。

随着越来越多的工业机器和部件成为物联网的一部分——包括一大批的遗留系统(legacy system),例如锅炉、暖通空调(HVAC)、列车和船只引擎及电气系统——建筑、运输系统和工厂的性质、设计及工作方式发生了巨大变化。嵌入式传感器及持续的连通性能够实现检测食品包装损坏、轮胎磨损及房顶漏水的功能。此外,机器人技术和纳米科技与物联网的交叉，产生了全新的且经常是令人惊奇的功能，包括可以执行危险的建设和拆建任务的网络化自动设备。

毫无疑问，工业互联网和范围更宽广的物联网加深了我们对大量物理系统的认识。这种技术的影响力已经非常强大。在企业供应链中，传感器能够提供关于货物状况和位置的即时反馈信息。端对端监控创造出了一种完全不同的数字化商业类型，更加灵活且更具成本效益。这就可能更快地进行创新并将产品推向市场，更高效地获得材料和部件，提供更高水平的顾客服务。

技术与系统的结合也开辟出了全新的商业领域。2013年12月，在线零售巨头亚马逊的首席执行官杰夫·贝佐斯（Jeff Bezos）公布了在几年内运营无人机编队，按照需求快递包裹的计划。有一个事实是非常清楚的：无人机将迫使业界整体发生剧烈变化，而且如果这种想法得到推广，无人机快递业务可能彻底改变消费者购买和使用商品，甚至旧产品回收的方式。按照需求制造产品的3D打印技术很可能将带来进一步变革，这种技术已经在很多产业中得到应用。

正在形成的定价和使用模型是以物联网及实时进行数据管理的联网物理环境为基础的，现购现付保险只是一个开端。在航空工业中，越来越多的飞机引擎制造商保留对他们产品的所有权，并按照通过推力测量的实际引擎使用情况向航空公司收取费用。在许多城市，现在都可以通过现购现付模式按小时租赁自行车或汽车。举例来说，汽车租赁服务商Zipcar通过智能手机使顾客找到离自己最近的车辆。RFID应答器解除车辆锁定，而车内的黑匣子将数据通过无线联接传送回服务器（不过，公司基于隐私考虑不会追踪顾客的位置）。这种车辆也配有抹去数据装置，以应对丢失或偷窃事件。

在公众健康领域,结合了众包技术的联网设备正在改变专家看待和应对疾病暴发(例如流行性感冒)的方式。实时观看形象化信息并观察模式改变情况的功能,有助于理解病毒怎样扩散及哪些地方需要额外的医药和资源。另外,越来越精细的计算机模拟技术可以模拟不同的疾病暴发情形,并显示出不同的措施对艾滋病和有毒气体等各种各样威胁会产生怎样的影响。

麻省理工学院民用及环境工程系的研究人员在副教授鲁本·华内斯(Ruben Juanes)的带领下,正在应用智能手机和众包数据深入研究美国40个大型机场对传染病传播过程的影响。该项目可能有助于发现在特定地理区域阻止传染扩散的有力措施,并协助公共卫生官员在传染病传播初期做出关于接种疫苗或治疗资源分配的决策。

为了预测传染病传播的速度,华内斯团队正在研究个人在出行模式方面的变化、机场的地理位置、机场间互动的差异以及每个机场的候机时间。华内斯作为一名地球学家,利用对液体在地下岩石中裂隙网络内流动方面的前期研究为该项工作建立了算法。此外,他的团队接入了手机使用数据,实时对人群移动模式进行分析。他说,这样就形成了"一种与典型扩散模型迥然不同的模型"。如果没有物联网,这一切是不可能实现的。

毫无疑问,工业互联网代表着一项巨大的进步。机器对机器的连通构成了新一代政府和商业的基础,机器通过网络彼此交流的能力——这种过程称为遥测(telemetry)——将事物发展到了一种完全不同的状态。这将带来更快更优的决策和更高程度的自动操作,为更多的消费设备和服务提供支持。不过,为了发挥物联网的全部潜能,各种机构必须掌握如何整合系统、设备和数据并在面临不断加大的安全风险和隐私顾虑背景下将它们投入使用的能力。关于安全和自动化的问题以及技术方面的挑战依然存在，这些挑战和问题能够中止或者至少削弱物联网所能发挥的作用。

在安徒生的童话故事《豌豆公主》里有这样一个试验，它以一个年轻女子为试验对象：如果她的皮肤足够娇嫩，能察觉出埋在几层床垫和鸭绒被下的豌豆，那么她必然是一个真正的公主。故事里，豌豆确实对该女子产生了影响，她发现豌豆硌出的淤青使其无法在自己简易的床上入睡，而她所感受的不舒适为她带来的结果就是被一个英俊的王子迎娶为妻。

在制造业价值链上，许多相邻元素之间的相互作用顺序与透过层层被褥感觉到豌豆的方式类似。价值链末端的组件和公司的变化可以对整个价值链的运行产生相当大的影响。以空气主轴为例，普尔将空气主轴产品销售给钻孔机制造商，如德国公司斯磨和伦茨、中国台湾东台精机和泷泽，以及总部设在中国深圳的大族激光；钻孔机又被提供给印刷电路板制造大厂，包括日本名幸电子和揖斐电以及中国台湾健鼎科技和欣兴电子。之后，印刷电路板被提供给电子设备生产商，在最终用在消费者购买的各种产品中之前，可能要经过多个供应商。如果空气主轴的制造过程遭到破坏，就像童话故事里的豌豆，那大家很熟悉的消费类产品的供应就会受到影响。

价值链各部分联系起来的方式被称为"互联制造"。互联制造背后的元素都不是新的。对制造商而言，受到的最大影响来自购买外部供应商的零部件。几百年来，这一直都属于工业运行方式的内容，同一家公司不同部门之间也涉及互联制造。早在20世纪30年代，许多大公司就开始将其生产经营活动布局在多个地点，有时各地点距离很

物联网对工业革命的改变

远。至今,价值链的概念被认知已有至少20年了。在《国家竞争优势》一书中,迈克尔·波特指出:"一家企业不仅仅是其活动的总和。企业价值链是一个活动间相互依存、相互联系的系统或网络。"波特指出,管理"联系"的方式"可能是一个决定性的竞争优势来源"。

但是,当波特的书于1990年出版时,"联系"的本质已经改变了,而且在未来几年将发生更大的变化。随着新工业革命的开展,联系将变得更紧密、更复杂、更容易被技术或市场上的突然转变所左右。由于不同国家越来越多的公司发现可以参与进来,因此活动将更加分散。随着技术继续从世界富裕地区向贫穷地区转移,更多的国家将有机会参与其中。决策权将更加平等地被各国的管理者共享,而不是仅集中于高度工业化的国家。价值链上看似无足轻重的环节都有可能产生意想不到的巨大影响,价值链管理正成为越来越受欢迎的技能,全世界各类大小公司中有近200万人从事此项工作。

2000年左右,互联制造的作用开始全面显现,新工业革命也几乎同时拉开了序幕。在互联作用推动生产型工业革命的进程中,全面互联制造是第四个阶段。第一个阶段是1850~1930年,制造商主要依靠海外营销部门进行全球商品销售。在这一阶段,这些公司很少费心地在国外设厂,即使最大规模的公司也不例外。公司管理者认为,仅通过出口就可以满足海外市场的需求。西门子就是这样一个案例,西门子于1847年在柏林成立,作为电子产品的先锋,西门子在成立之初就显现出其国际化的视野:早在19世纪50年代,西门子就分别在俄罗斯和英国设立了市场部,辅助电话电缆等产品的销售。

1909年,福特公司在伦敦首次开启了其海外市场运作。在发展初期，西门子和福特都认为没有必要在海外设置分厂。一般情况下，这些公司在自己的工厂（通常为大型生产车间）内完成多数零部件的生产及组装。即使在需要零件供应商时，供应商也通常与这些大公司处于同一国家，往往与公司总部处于同一城镇或地区内。

然而，随着20世纪工业化步伐不断加快，各公司发现有必要将部分生产过程转移至市场所在国。一般而言，在目标国当地工厂生产的产品销往该国市场更容易，而当本地工厂成为其市场营销总部时，这种作用更加明显。熟悉产品生产过程将直接促进产品的销售，可以通过熟悉工艺流程的销售人员实现。而且，贴近消费者将有助于公司将标准化的生产流程与当地的实际需要相结合，例如，公司可以遵循当地的标准而不是通常采用的国际电子或安全标准。

在市场所在地设立制造分厂，可以回避所有针对进口商品的限制性关税。同时，公司还可通过创造就业机会获得该国政府更多的支持。在武器装备、药品等主要依赖政府机构订单的行业，这种支持的政治效应尤为明显。

正是由于这些原因，在互联制造第一个阶段后期，出现了为数不多的海外分厂，而福特公司是这一潮流的引领者。第一次世界大战刚刚结束后，福特就在欧洲建立了多个生产部门。在20世纪20年代初，福特公司在英国轿车市场的份额已经达到40%。不过，它在欧洲的这些工厂并不是成型的生产车间，很大程度上是装配车间，需要依赖主要来自底特律福特生产部门的各种零部件。

大约从1930年开始，互联制造进入了第二个阶段，各公司开始在更大范围、以更大力度开设海外制造合资公司。福特在北美之外的第一家大型一体化工厂位于伦敦东部的达格纳姆泰晤士河畔，由沼泽地改造而成。该工厂被称为"欧洲底特律",共耗资500万英镑(相当于2016年的4.5亿美元)。几乎同一时间,福特在科隆建立了另一家大型欧洲分厂。福特的国内劲敌通用汽车公司采取了同样的策略,在欧洲建造分厂。采取了相关战略、在欧洲建立分厂的美国公司还包括通用电气、卡特彼勒工程机械公司及化学品制造商杜邦公司。

多年来,大多数海外分厂基本上与母公司相互独立。公司海外分厂和国内运营之间几乎没有协作,至少没有每天接洽的业务往来。设置分厂的国家也非常有限,主要是工业化国家。商品的销售市场也主要集中在发达国家。除了几个主要的工业化国家,其他地区劳动力的生产技能以及各环节的技术水平都相当低。因此,不管潜在的低成本吸引力有多大,假如不就品质做出较大妥协,根本无法在南美和亚洲这些世界发展中地区开设分厂。

互联制造发展的第三个阶段开始于20世纪80年代。在经济扩张的推动下,在全球范围内设置分厂的进程不断加快,出现了一批有快速发展迹象的新兴国家,各大公司都认识到在这些国家开设分厂的优势。在这些国家设厂,公司可以通过低成本获益,而且随着这些国家收入和需求水平的上升,还可以拥有在这些市场销售产品和服务的更好机会。随着这些海外分厂逐渐成熟,其掌握新技术和新生产工艺的能力得到提升,从而进一步提高产品质量。

全球总计对外直接投资(包括所有投入跨国商业运营的经济活动的资金)从1980年的500亿美元上升至2007年的1.9万亿美元。但受世界经济衰退的影响,全球总计对外直接投资在2010年降至1.4万亿美元,其中40%的资金投向了制造业项目,而这其中大部分资金用于设立新厂和分销网络。新增投资还得益于贸易壁垒的降低、交通和通信更加便捷，以及推动运费成本降低的长期趋势。苏联的解体及其他东欧国家发生剧变，以及印度等国政府管制的放松，都产生了明显的刺激作用。中国政府放宽了对西方公司在经济和投资活动方面的限制，其作用也同样重要。这些改革措施深受外国公司青睐，它们看到了在中国不断上升的投资潜力。

物联网对工业革命的改变

物联网使你从家到工厂零距离

试想如果未来所有的物体都能联网，都具备与其他物体和人交流信息的能力，那么我们的生活会发生怎样翻天覆地的变化？生活变得丰富而简单自然不必多说，在产品体验方面的改变会更令我们欣喜，并且实现这种改变的技术手段基本都已成形。作为消费者而言，我们需要做的就是等这些技术的应用成本逐步降低，直到渗透到我们生活中来，改变我们的生活方式。

各国推动工业4.0的策略方向各自不同，因为每一个国家制造业的环境及遭遇的困境也各不相同。以我国政府研拟的"生产力4.0科技发展方案"为例，被视为可以推进工业4.0的关键技术及应用，主要是以三大科技主轴来推动先进制造，分别是智能机器人(Intelligent Robot)的智能制造技术、物联网(Internet of Things；IoT)的全线侦测监控技术和巨量资料(Big Data)的资料撷取分析技术，推动产业朝设备智能化、工厂智能化与系统虚实化发展，并以工具机、金属加工、3C、食品、医疗、物流与农业为七大应用领域产业，来加速提升附加价值与生产力，以创造产业下一波的成长新动能。

机器人让智能制造蔚为成形

实现智能制造,"机器换人"可以说只是一个开端,提升效率、降低成本不是物联网的关键。真正能把握住现在物联网对制造业的窗口期的企业,必定是理解物联网带来的经营思路的转变的企业。

以3C产品为例,过去的生产目标是要求"853",也就是85%的产品要在3天内出货,但由于3C产品生命周期愈来愈短,对于制造速度的要求已经提高,成为"985",也就是95%的产品要在5天内出货,而且因应消费者的要求瞬息万变,产品设计及制造未来势必要走少量多样,才能因应当前的制造趋势。

台湾3C产业过去的代工模式,主要是以大量、平价及标准化的商品为主,尤其是Wintel时代,台湾3C代工业者只需要跟着Wintel的最新技术蓝图走,设法压低人力、厂房及土地成本,就可以制造出价廉物美的3C产品。即使台湾本土的人力成本上扬,业者仍继续仰赖中国大陆的低廉人力及土地成本,也创造出称霸全球近30年的3C代工王国。

但如今的中国大陆,也正在面临人口红利衰退的现象,即使是将工厂搬到中国大陆内陆或转移到东南亚地区的国家也不行,因为劳动人口没有想象中这么多,物价水平也不低,对于成本控制帮助有限。

既然无法仰赖传统人力,自然就需要更聪明的机器人。工业4.0的核心,其实就是机器人,不但可以用来从事重复性高或环境较差的工作,提升生产效率及制程精准度,更重要的是,当人力资源释出可以进行更高附加价值的工作时,产业转型升级的可能性也跟着提高。

日、欧机器人产业虽然早已有非常重要的应用,但大多是跟着汽车业及重工业发展,反观台湾则是以汽车业与电子业对机器人需求最多、用得最广,台湾现在主打工业用机器手臂,未来希望可以推广到全工业领域。

家居自动化

收购Nest使得谷歌能受益于家居自动化的发展。家居自动化是2016年国际消费电子展上的一大热点。

市场研究公司Gartner估计，每个家庭要联接的物体可能多达500个，例如空调、门锁和家电。收购Nest，使得谷歌在智能家居控制中心争夺战中获得一个桥头堡。这是一个有利的处境，尤其是对于像谷歌这样的公司来说，它可以利用通过智能家居设备收集的海量数据，进一步强化其已经获得主导地位的广告业务。

Nest技术还使谷歌在提高能源使用效率的大战中处于有利地位。Nest智能温控器能帮助客户把能源消耗降低一半，把空调费用降低20%。

另外，Nest烟雾和一氧化碳报警器以及后来收购的WiFi网络摄像头厂商Dropcam使得谷歌进入了家庭安保市场。借助Nest控制的门锁和窗户传感器，谷歌最终将进入家庭安保市场，强化在家庭安保领域的生态链。

32亿美元收购Nest，使得谷歌在快速增长、规模巨大的物联网市场上获得了领先优势，未来数年谷歌将继续巩固这一优势。

无人驾驶汽车

软件能提高运行它的几乎所有设备的效率，尤其是在把相互独立的设备联接起来时。这种情况出现在许多产业，而且每天都在发生着。但是，最伟大的变化之一还没有到来，软件控制和即时联接为这一变化的到来奠定了基础。

无人驾驶汽车技术的长期目标是完全取代驾驶员,这一技术将出现在认识到其人力和经济优势的国家。

驾驶汽车可能是人们日常最危险的活动之一。实验已经证明,谷歌的无人驾驶汽车比驾驶员驾车更安全,已经安全行驶逾70万英里(113万公里),平均而言,人驾驶的汽车每行驶25万英里(40万公里)就会出现一起交通安全事故。

除安全外,无人驾驶汽车技术还能提高效率。驾驶员的低效使美国人每年在交通方面浪费约55亿小时,蒙受1210亿美元经济损失。能相互通信并与公路通信的无人驾驶汽车将大幅提高交通效率。能为多个人服务、行驶时间长于停泊时间,也将提高无人驾驶汽车的效率。无人驾驶汽车是真正的物联网杀手级应用。

物联网及巨量资料 串联智能工厂运行

智能工厂是生产力4.0发展的重要关键,其中包含的技术如物联网、虚拟化、巨量资料、云端运算等,发展焦点在于如何让完整的制造流程,可以透过信息系统联接起来,经由站点感测、资料搜集、处理计算、与数据分析等,进而提高生产效率。

如西门子Amberg厂的生产、物料搬运与信息流部分,已有75%自动化,包括可自动记录各种能源使用状况、减少机台能源耗用、并厘清非生产时间的能源浪费。工业4.0起飞的基础,最关键的零件就是物联网使用的传感器。

从智能制造到创新营运模式

生产力4.0可以效法德国堆动工业4.0的精神和做法,就是合作伙伴生态系统间的竞争。如台湾地区上银和全球最大半导体设备厂美商应材合作，发展机台专用的线性滑轨，可以在24小时运转下，依然维持3年的生命周期，反观日本竞争对手却只能维持1年，台湾应材打赢了，上银也可以因此受惠，这就是生态系统间的竞争。

世界制造强国如美、德、日、中、韩，都已不约而同的努力推动工业4.0，在技术的层面上，各国采用的技术其实大同小异，因此真正的决战点，应该是谁能提出创新的营运模式，除了增加生产力外，才能让国家的产值快速倍增。

物联时代的工业4.0

作为工业技术大国,德国企业20年缺席互联网和社交媒体的盛宴,物联网终于带来重新制定游戏规则的大好机遇。从这个意义上讲,工业4.0是德国的"星球大战"计划,它发挥德国的工业技术优势,顺应人口老化和人工昂贵的限制条件,创造德国能够主导的世界工业经济规则。所以,以德国为先导的工业4.0远远超过智能工厂和数码技术的范畴,预示着未来20年的工业经济秩序。它是一场工业意识形态的竞争,它的博弈在于理想价值观和设计标准,工厂、物流、数控机床和CPS软件……它们都不过是这个工业意识形态的注脚。

未来20年,工业4.0是符合中国和德国企业的发展趋势。以中德各自的优势,两国企业是实现工业4.0最优质的合作伙伴。不过,中国企业必须要有自己的参与策略,否则那将是一条通往奴役的道路。

我们所生活的这个世界上,每天都有很多事物被接入网络,包括人、机器设备、产品、数据以及其他事物都被联系在一起,实现了"万物互联",因此,"物联网"作为工业4.0时期的重要技术,其技术变革在工业4.0时代必将为企业带来无限商机。

当下,几乎所有的技术与计算机、互联网技术相结合,实现了人人、人物、物物之间的信息实时共享以及智能化收集、传递、处理、执行等。因此，从广义上讲，当下我们所涉及的信息技术的应用，都可以将其归纳到物联网的范畴内。

在工业4.0时代，物联网技术将在很大程度上提高人类的社会生产率。目前在各个行业领域中，互联工厂、互联城市、互联设施、互联公共安全等，越来越多的事物都已经与网络接轨，物联网已经不再是一个概念性名词，而是已经深入渗透到人类生活的方方面面，涵盖了交通、电力、水利、医疗、家居、制造业等。

剥开工业4.0、产业互联网以及两化深度融合等这些新概念的外壳，，我们可以看到不同国家应对新一轮产业技术变革的理念和战略布局的差异性，但其最根本的内核是一致的，工业4.0是互联，是集成，是数据，是创新，是服务，是转型，而这些理念也是我国推进两化深度融合所秉持的核心理念。德国工业4.0提出三个集成：纵向集成、横向集成、端到端集成。在推进两化深度融合实践中，业界普遍的共识是两化融合的重点在集成，难点在集成，要取得显著成效也在集成。企业信息化集成应用困境，也提出要把引导企业向集成应用跨越作为当前推进两化深度融合的着力点和突破点。在集成这一点上，中德两国的认识是一致的。

工业4.0包含5个关键因素：移动计算机、互联网、物联网、机器对机器、大数据及其预测性分析。这些因素其实很久以前就已经为人所知，但真正使它们发生关键性改变的则是物联网——物联网将这些因素完美融合在一起，并使它们发挥出了前所未有的功能。

2014年10月14日，在芝加哥举行了"第二届年度物联网全球论坛"，该论坛深度探讨了物联网可以为人类带来的商机与价值，并且对数十亿事物联网能够创造的市场规模进行了评估。

如今，工业4.0的概念逐渐升温，2015年被称作是工业4.0的元年。在未来，工业4.0将会在物联网技术的变革下给技术产业带来更大的发展机遇。

首先，从技术层面上来看，随着物联网技术的不断变革与更新，未来物联网的发展前景将与计算机技术、移动互联网等齐头并进，或者会超过其发展。物联网是建立在各项技术之上的新型技术，它对未来信息产业具有巨大的推动作用。物联网技术主要是在通信系统、计算系统、控制系统、感知系统、大数据这五方面的相互作用下实现的。事实上，早在物联网概念出现之前，这五方面的技术已经在各行各业中被使用了。通信系统作为物联网技术支撑之一，也在推出无线宽带集群技术和产品的时候，就已经在智能交通、智能电网、公共应急等行业中参与服务，从而实现了用户在指挥调度、日常办公等方面的互联互通。

其次，从成本层面上来讲，物联网技术的变革必将成为最终发展趋势，这将为很多商品或服务的成本趋于零提供了可能。未来，企业利润接近枯竭，知识产权的概念逐渐被淡化，资源过剩的思潮必将取代传统意义上的资源短缺。这样，势必给未来的经济发展带来全新的"零成本"模式，该模式必然会给社会带来无限商机和深远影响。

可以畅想一下：在未来，专业消费者正在借助物联网用几乎零成本的方式制作并对外分享自己的信息、娱乐等活动。同时，他们通过社交、合作社用一种极低的零成本模式分享汽车、服装，以及其他物品。诸多学生通过物联网参与到更多的零成本的网络课程中。更多的年轻创业者直接跳过银行环节，通过物联网利用众筹模式进行融资……在这个新的世界里，物联网无处不在，所有的人和物都通过物联网融入到整个互联网的价值链中，所有的这些活动都极大地提高了生产力，降低了成本，然而可以享受的服务却是越来越好，这正是工业4.0内涵中的一种合作协同经济。

1.物联网的智能标签用途

物联网的智能标签是通过NFC、二维码、RFID等技术标识特定的对象，用于区分对象个体，例如在生活中我们使用的各种智能卡，其条码标签的基本用途就是用来获得对象的识别信息；此外通过智能标签还可以用于获得对象物品所包含的扩展信息，例如智能卡上的金额余额、二维码中所包含的网址和名称等。

2.物联网的智能控制用途

物联网的智能控制是物联网基于云计算平台和智能网络，可以依据传感器网络用获取的数据进行决策，改变对象的行为进行控制和反馈。例如根据光线的强弱调整路灯的亮度，根据车辆的流量自动调整红绿灯间隔等。

物联网将是下一个推动世界高速发展的重要生产力，是继通信网之后的另一个万亿级市场。物联网一方面可以提高经济效益，大大节约成本；另一方面可以为全球经济的复苏提供技术动力。美国、欧盟等都在投入巨资深入研究探索物联网，我国也正在高度关注、重视物联网的研究，工业和信息化部会同有关部门，在新一代信息技术方面正在开展研究，以形成支持新一代信息技术发展的政策措施。

此外，物联网普及以后，用于动物、植物和机器、物品的传感器与电子标签及配套的接口装置的数量将大大超过手机的数量。物联网的推广将会成为推进经济发展的又一个驱动器，为产业开拓了又一个潜力无穷的发展机会。按照对物联网的需求，需要按亿计的传感器和电子标签，这将大大推进信息技术元件的生产，同时增加大量的就业机会。

物联网拥有业界最完整的专业物联产品系列，覆盖从传感器、控制器到云计算的各种应用，产品服务、智能家居、交通物流、环境保护、公共安全、智能消防、工业监测、个人健康等各种领域，构建出"质量好、技术优、专业性强、成本低、满足客户需求"的综合优势，持续为客户提供有竞争力的产品和服务。物联网产业是当今世界经济和科技发展的战略制高点之一。2016年，全国物联网产业规模已超过7000亿元。

物联网是新一代信息网络技术的高度集成和综合运用，是新一轮产业革命的重要方向和推动力量，对于培育新的经济增长点、推动产业结构转型升级、提升社会管理和公共服务的效率和水平具有重要意义。发展物联网必须遵循产业发展规律，正确处理好市场与政府、全局与局部、创新与合作、发展与安全的关系。要按照"需求牵引、重点跨越、支撑发展、引领未来"的原则，着力突破核心芯片、智能传感器等一批核心关键技术；着力在工业、农业、节能环保、商贸流通、能源交通、社会事业、城市管理、安全生产等领域，开展物联网应用示范和规模化应用；着力统筹推动物联网整个产业链协调发展，形成上下游联动、共同促进的良好格局；着力加强物联网安全保障技术、产品研发和法律法规制度建设，提升信息安全保障能力；着力建立健全多层次多类型的人才培养体系，加强物联网人才队伍建设。

物联网用途广泛，遍及智能交通、环境保护、政府工作、公共安全、平安家居、智能消防、工业监测、环境监测、路灯照明管控、景观照明管控、楼宇照明管控、广场照明管控、老人护理、个人健康、花卉栽培、水系监测、食品溯源、敌情侦查和情报搜集等多个领域。

(1)物联网传感器应用

物联网传感器产品已率先在上海浦东国际机场防入侵系统中得到应用。该系统铺设了3万多个传感节点，覆盖了地面、栅栏和低空探测，可以防止人员的翻越、偷渡、恐怖袭击等攻击性入侵。上海世博会也与中科院无锡高新微纳传感网工程技术研发中心合作，成功安装过1500万元的防入侵微纳传感网产品。

(2)物联网控制应用

ZigBee路灯控制系统点亮了济南园博园。ZigBee无线路灯照明节能环保技术的应用是园博园中的一大亮点，园区所有的功能性照明都采用了ZigBee无线技术达成的无线路灯控制。

(3)物联网终端应用

我国首家手机物联网已落户广州，其将移动终端与电子商务相结合的模式，让消费者可以与商家进行便捷的互动交流，随时随地体验品牌品质，传播分享信息，实现互联网向物联网的从容过渡，缔造出一种全新的零接触、高透明、无风险的市场模式。手机物联网购物其实就是闪购，通过手机扫描条形码、二维码等方式，可以进行购物、比价、鉴别产品等功能。

这种智能手机和电子商务的结合，是手机物联网的其中一项重要功能。至2016年，手机物联网市场规模已达7000亿元，手机物联网应用正伴随着电子商务大规模兴起。

(4)物联网系统应用

物联网与门禁系统结合后形成一个完整的门禁系统，系统由读卡器、控制器、电锁、出门开关、门磁、电源、处理中心这几个模块组成，无线物联网门禁将门点的设备简化到了极致：一把电池供电的锁具。除了门上面要开孔装锁外，门的四周不需要安装任何辅助设备。整个系统简洁明了，大幅缩短了施工工期，也降低了后期维护的成本。无线物联网门禁系统的安全与可靠首要体现在无线数据通信的安全性保管和传输数据的安稳性两个方面。

(5)物联网智能应用

物联网与云计算结合后，物联网的智能处理依靠先进的信息处理技术，如云计算、模式识别等技术，可以从两个方面促进物联网和智慧地球的实现：首先，云计算是实现物联网的核心；其次，云计算促进物联网和互联网的智能融合。

物联网对工业革命的改变

在制造业中部署物联网

德国的工业4.0战略围绕着五个层次进行升级：制造业的网络化；把各种数据转化为信息化内容；对虚拟网络化内容进行有效管理；让机器人可以识别问题并自主决策；重新组建生产线及相关技术设备。由此可见，工业4.0发展的主要途径是将互联网技术融入到制造业中，形成一个庞大的工业物联网。

所谓工业物联网，是一种工业制造技术与互联网信息技术高度融合的新型工业形态。企业把信息化管理系统与其生产线上的机器设备融合为一个系统，使得各种信息数据能在两者之间直接流通。这样一来，企业就可以根据工业大数据做出更及时、准确的生产管理调配，从而大幅度地提高生产效率。

在工业3.0时代，技术密集型制造业企业已经完成了生产车间里的机器设备的自动化，同时还在管理层建立了企业信息管理系统。生产车间与决策管理层在各自的体系内实现网络化，但两者之间的网络并没被整合在统一的智能网络之下。管理层与车间的沟通更多的是人与人的沟通，而无法实现人与机器、机器与机器的无阻碍交流。这使得高度自动化的工业3.0制造业与真正意义上的智能化还存在较大差距。

按照工业4.0的畅想，未来的世界是一个网络化、智能化的世界，虚拟世界与现实世界不再泾渭分明，甚至人、机器与信息都是融为一体的。

物联网的出现，为实现这个美好的畅想提供了突破口。

在过去，制造业的自动化生产不具备主动采集信息的功能。而物联网的应用使得生产设备可以自动、实时收集制造过程中产生的各种数据，并将其上传到物联网体系中的大数据平台。在此基础上，机器与机器之间可以通过智能网络来进行数据交换，而人也可以与机器及装有智能传感器的产品进行交互式无缝联接。这个"人"包括了企业管理者、科研人员、生产工人、消费者、企业的业务伙伴等，人、机器、信息三者之间的联系将因物联网而变得空前紧密。

如此一来，制造业就可以像营销型互联网企业那样及时地把握瞬息万变的市场动态了。

例如，在汽车制造业，企业决策者可以借助物联网中的工业大数据工具，随时了解全球汽车行业的动态，以及原材料价格的最新变化。在智能数据分析软件的支持下，决策者可以运用生产管理信息系统来合理调整生产计划，提高决策的科学性与生产效率，避免物力、财力、人力、精力的浪费。

从某种意义上说，工业4.0就是物联网融入制造业的产物。智能工厂、智能制造技术都是在物联网发展成熟的基础上产生的。因此，物联网建设在第四次工业革命中，也是一项各国高度关注的重要内容。

美国的"工业互联网"概念，就是立足于用工业大数据来推动物联网与服务网络的建设，让工业化与信息化的融合达到一个新阶段。

通用电气公司在这场工业革命浪潮中扮演着"驱动者"的角色。

该公司试图通过工业互联网建设来重组制造业的价值链，形成一个崭新的产业物联网。

自从将工业互联网定为战略目标后，通用电气就积极向软件与服务领域进军，频频收购具有先进互联网技术与大数据服务的高科技公司。与此同时，通用电气还宣布要降低集团对金融业务的依赖，并把制造业对公司的利润贡献率提高到70%（此前低于50%）。

物联网把通用电气旗下各单位里的各种生产设备的数据都集中到云服务平台上，从而使企业可以统一管理分散在世界各地的子公司与工厂。

据通用电气研究人员分析，将物联网中的人、机器、数据有机结合起来，能让企业的营运变得更加高效、快捷。过去的许多猜测性决策，也由于大数据与物联网的出现而变得越来越确定。管理层可以站在更长远的角度来制订方案，及时把握全球市场的潜在变化。

美国专家伊梅尔特指出，工业3.0的自动化生产只是把"生产工程"作为改造对象，而工业4.0更注重信息通信技术的应用。也就是把互联网技术的应用对象扩大到整个制造业产业链。随着工业物联网与服务网络的不断发展，智能工厂将成为联接虚拟世界与现实世界的桥头堡。

德国不少企业也充分利用CPS（信息物理融合系统）来完成制造业的升级，实现了从研发、生产、管理到物流的全流程的"数字制造"。借助物联网这个渠道，德国工厂甚至可以与美国的科研中心随时进行信息交换。

在西门子公司看来，物联网的意义在于整合并优化产品生命周期和生产生命周期，这也是工业4.0的内在要求。西门子为了把物联网融入到制造业中，不遗余力地开发工业信息化软件，还研究出了配套的制造执行系统与全集成自动化解决方案。这些先进技术将制造业纳入产业物联网，产品上市周期缩短了一半，工厂的生产方式也更具灵活性。

为了推动"数字化工厂"发展，西门子推出了闭环数据管理系统。这将使得虚拟的生产模型与现实的产品及设备保持一致。而作为全球能效管理专家，施耐德电气在抢占工业4.0制高点的道路上也毫不松懈，致力成为能源革命的领头羊。

在施耐德电气看来，工业4.0实际上就是对物联网的升级。物联网通过数据传输及处理能力来控制机器设备，从而提升系统效率并大幅度降低能耗。整合所有的信息流和数据流，就是物联网建设的关键所在。

为此，施耐德电气运用工厂自动化控制系统解决方案等多种协同自动化技术，打造出一个服务于能效管理的物联网。这些先进技术的集成，不但满足了制造业智能化生产的效能管理需求，也给消费者带来了空前的开放性与灵活性。例如，该公司的"云能效TM能源管理平台"，就是一款具有物联网特色的工业大数据云平台。

云效能TM能源管理平台，不仅能高效管理电、水、热、气等多种能源，还能利用大数据技术来检测并分析设备能耗、运行状况、节能潜力。换言之，云能效平台相当于全天候的诊断器，可以直观而及时地向人们展示建筑能耗状况。这种设备具有初始投资少、易于操作、数据处理能力突出等优点，让用户能充分感受智能节能技术带来的便利。

为了扩大自己的产业物联网体系，施耐德电气还实行了"云能效合作伙伴计划",与许多能效管理企业结成了全面合作关系,共同使用自主开发的"云效能"能源管理开放平台。这个平台充分利用了工业大数据技术,贯彻了物联网的"合作共赢,开放互联"的精神。

德国电子信息技术协会秘书长伯恩哈德·蒂斯指出,德国工业4.0是建立在物联网基础上的科技革命,信息整合与系统整合就是这场革命的核心。

第五章
物联网改变了生活方式

物联网是新一代信息技术的重要组成部分，顾名思义，"物联网就是物物相连的互联网"。物联网通过智能感知、识别技术与普适计算，被称为继计算机、互联网之后世界信息产业发展的第三次浪潮。物联网不只将改变我们的日常生活，也会改变我们的工作及业务运营方式，它使工作更加高效、更具生产力，并将更注重强调合作性。它改变世界的步伐正在一步一步地踏实跨越着。

物联网改变了生活方式

当物联网遇见现实世界

虽然许多这样的互联功能已经以某种形式出现20多年了，但它们通常只由富有且懂技术的人群使用。不过，一批新生的系统——通常价格为几百或几千美元而非几十万美元——已经出现了。而且这些系统变得更加智能、更加便宜、更加互联而且质量更好。我们现在看一下几个主要的领域和场景，在这些领域和场景中，物联网都从根本上改变了人们的生活方式。

随着M2M(机器对机器)交互的日益频繁，物联网已占据高位，成为我们家庭生活、城市生活，甚至是商业运转进行革新的主要因素。

那么物联网是如何改变世界的呢？

通过对大数据的实时分析，来改善停车困难和交通拥挤，从而减少空气污染和交通事故。

通过管理家庭生活中的小家电，从灯光、电脑、智能手机，到我们的咖啡壶、车库门，利用互联网原理对这些进行统一管理，从而改善我们的生活。例如早上起床，咖啡壶就开始启动、房间的暖气开始加热、汽车开始计算出门上班的最佳路线，同时，我们需要阅读新闻时，报纸就显示在我们所选择的屏幕上，并且按照我们关注的程度进行优先程度排序，生动地并且带有声效地表现出来。

物联网在汽车与道路之间建立联系，通过智能手机指引我们最近的停车位，并自动交付停车费。

物联网不只将改变我们的日常生活，也会改变我们的工作及业务运营方式，它使工作更加高效、更具生产力，并将更注重强调合作性。因为它传递的实时数据更具针对性，将这些可见的数据在最恰当的时间传递至最需要的地方，即使这些工作地点具有高度的分散性和移动性。

物联网之所以能够如此全面的更新世界，是因为有以下数据作为支持：

2013年，移动设施的数量已比美国人口还要多；

2013年，90%的移动设备已拥有云客户端；

2020年，240亿的设备将连接到物联网；

仅在2015年，已有至少5亿TB数据更新换代。

66%的IT专家调查发现，在未来几年内，用于商用和消费品的科技产品将逐渐集中化，对于科技消费品的领导者们，如苹果、三星、谷歌等大企业来说，这是一大喜讯。

65%的人认为，物联网是管理及分析事实数据的最佳方案和最终出口，是未来发展的趋势。

大部分IT行业的决策者普遍看好物联网，建议从CRM系统到社交媒体的数十亿设备，都进行实时数据链接，从而形成终极社交媒体，即人与人的交互协作。

让人始料不及的是，发展中国家的IT企业决策者们，如中国、印度和巴西IT大佬们对M2M革命的期盼要比发达国家更加热切。但是介

物联网改变了生活方式

于4G网络基础设施的造价昂贵，89%发展中国家企业的决策者们都表示成本高昂，担负这样的造价困难。对此，剑桥无线最近的一项声明指出，现在的移动网络"缺乏无处不在的覆盖"，其主要原因是服务关税太高，未能挖掘出物联网的全部潜力。

当然，我们对物联网的期盼是更大的连通性、更多的数据、更加迅捷的数据分析和响应，这些都将使我们的生活更加美好，将我们的生活品质提高到我们难以想象的程度。在家里、在路上、在工作中，社交，无处不在。

社交媒体、移动连接、Candy Crush——这些都已经不是新闻了。现在更大影响更深的技术变革正在发生着：物联网。在物联网中，从家电到奶牛，所有事情对我们来说都是在线的。这可能看起来像是在科幻小说中发生的事，但是毫无疑问，物联网来了。思科互联网业务解决方案集团预测2017年会有300亿和因特网链接的设备，到了2020年这一数目就变为500亿。这意味着什么？

物联网的理念是，在未来，所有事物都会通过IP地址和RFID标签来和网络相连。这会改变我们工作、娱乐、生活的方式。我们不只是在说对所有人类集体知识的即时访问，而是创造一个新世界，在这个世界里，每件事都被量化，追踪，分析，并有望使我们的生活变得更好。下文就是物联网改变你生活的七个方式。

住宅

智能住宅按理说是物联网影响最大的领域。节能家电、温控器，使你能够通过你的移动设备来控制温度，全面的家庭监控系统使你能够远程接通和断开灯火和家电，而这仅仅是开端。有了智能照明系统，你可以把你家的灯变成多功能设备，比如说厨房报警时间和邮件提醒系统。智能家电可以告诉你你的牛奶喝完了，而智能洗衣机可以让你知道你该去买洗衣液了。这些都只不过是目前已经存在的技术。

教育

互联网已经对教育进行了多种变革。如今的教室充斥着技术学习，而在线模拟意味着即便是像化学这样需要动手的科目也可以有效地在线教授。物联网会更加推进教育，它可以把整个世界变成一个数字学习环境，这毫不夸张。你一旦开始考虑这件事，你就会发觉这些应用是无止境的。试想学习外语的学生所需要做的只是扫描一个物体的RFID标签，就能知道它的名字、发音以及在句中的用法。

医疗

医疗行业也会被物联网完全颠覆。人们已经在使用像Fitbit这样的可穿戴设备来追踪并改善他们的个人健康，而像有蓝牙功能的胰岛素泵这样的一些设备，已经可以把糖尿病患者的血糖水平数据直接传送给他们的医生。未来可能取得的发展，包括可以检测病人的生命体征的皮肤下的传感器、需要急救时能发出警报的家庭监控系统、甚至包括根据医生的实时日程数据来工作的改进预约系统。

交通

美国内华达州和加州已经在对无人驾驶进行上路测试。但除此之外，互联的汽车能够减轻交通阻塞，减少交通事故，以及减少污染。不管你要去哪儿，这些汽车都能帮你找到最佳路线和最好的停车位。所以你还有什么可抱怨的呢？

零售业

如果你觉得互联网已经改变了你的购物习惯，就等着瞧物联网时代的来临吧。零售就是要通过定向广告来大赚一笔，这些广告不仅出现在你的电脑和手机上，还出现在当你走过某间商店时。互联的事物也使企业改善他们的供应链管理，并根据实时的供需关系来动态调整供货和价格。

城市规划和管理

有线城市能够带来许多益处，包括对交通流的更好的控制、对城市基础设施状态的远程监测、以及对街灯和其他设备的节能处理。韩国的松岛就正在引领着这一潮流——有了所有事物的RFID标签，松岛成为世界上第一个完全有线的城市。

食品

即使是我们的食品也会成为这个新的完全互联的世界的一部分。德州的Vital Herd公司正在致力于创造"互联网奶牛"，这不是牲畜的社交网络，而是农场主检测畜群的一个新方式。Vital Herd正在开发一种可以嵌入奶牛肠胃并把信息传送给农场主的装置。食品产业也能够从智能作物检测、气候控制和食品安全系统中获益。

物联网并不能一蹴而就并改变世界，相反，物联网是随着更多的事物和设备相连接而每天发展壮大的网络。改变已经发生了，不信你看看周围。

家居自动化成为现实

家居自动化的吸引人之处是能够提供更大的便利、更高的安全性和更加节能高效的系统。除了联网电灯、车库门开关和智能锁具,一系列其他的产品也正在出现。例如,新一代烟雾探测器可以在发生火情时向紧急情况处理人员报警。一些系统也能让用户通过智能手机消除掉Chirp并在需要更新电池时通知用户。同时,智能恒温控制器除了便于编程和调整之外,能够优化性能,减少40%~50%的能量消耗。未来的系统将学会感知何时有人进入房屋从而进行调整。使用一段时间后,它们将自动掌握住户的生活规律以及房屋的特性。据美国弗吉尼亚州立大学的研究人员预计,仅在美国,通常情况下20%~30%的能量节省每年就会节约1000亿千瓦电和150亿美元。

事实上,该项技术越来越多地被用于控制家庭中每一件电子设备——甚至也会用于管理非电子设备。智能安全系统和视频监控已经随处可见。这些系统实现了远程监控、远程防盗和解除防盗功能,而且一些系统还会激活网络摄像头并在系统察觉到异常时发送文本报警。不久,这些安全系统将可能识别出在智能手机中装有永久或暂时授权令牌的居住者并使用面部识别技术在某人未经许可进入时做出判定。在后一种情形下，系统能够向保安公司或执法部门报警。

物联网和家居自动化应用最热门的一个领域是厨房。制造商LG已经推出了智能家电，包括冰箱、冰柜、洗衣机和烤箱，允许房主使用智能手机或者自然语言指令进行操控，例如"用温水开始洗衣服"。而且，房主也可以在出门在外期间更改设置或者让洗衣机开始清洗衣服。同时，LG冰箱中配置的智能管家让你可以通过内置的摄像头在智能手机上查看冰箱中都存放了什么。这种冰箱还配备一种追踪保质期的新鲜度追踪器（Freshness Tracker）和根据特定时刻内冰箱内保存的物品提供建议并显示食谱的膳食计划器（Meal Planner）。

不难想象，有一天人们将利用自然语言命令、智能手机控制器及联网设备列出购物清单、寻找食谱以及完成其他动作。智能手机应用将指引你在商店中找到想要购买的商品。回家之后，你也不用再琢磨一大堆令人摸不着头脑的按键和控制器，而是可以把物品放进微波炉说一声："给面包圈解冻"或者"重新加热一下咖啡"。类似地，我们将命令电视或流媒体播放器打开并转到我们想看的内容或频道，就跟现在苹果Siri和谷歌Google Now语音助手使用户可以通过语音命令操作手机差不多一样。

物联网在教育领域的应用

十年树木,百年树人,教育在人类进步中的作用不言而喻,教育的每一次变革也牵动着人类。随着科技的进步,教育行业的工具、运营模式等也面临着变革。不过,作为百年大计的一项事业,追求一夜之间革命性的颠覆并不可取,教育行业需要稳步扎实推进与科技的结合。在英特尔2015智慧教育信息化峰会中,英特尔(中国)有限公司零销业务中国区负责人王东华先生指出:"我们往往会在短期内高估技术带来的变化,而在长期内低估技术带来的变化。"在物联网产业化加速的今天,物联网方案也开始向教育领域渗透,但这注定是一个循序渐进的过程,数据驱动将在这一过程中发挥着关键作用。

教育的两大主体为教师和学生,原来一间教室中一个教师面对数十个学生,知识传授仅限于这一间教室中发生;近年来互联网与教育行业的融合,出现了多种新兴的教学方式,MOOC、微课、手机课堂等形式让知识传授突破一间教室的局限,传播群体可以是无限大。

不过,不论是MOOC、微课、手机课堂,还是其他互联网的授课形式,扩大了传授知识的规模,但信息的流动仍然更多是教师向学生的单向的传输,所形成的是优质教育资源的规模化传播和复制,大量

物联网改变了生活方式

的学生仍然是在被动接受知识，我们很难想象面对以前数十倍甚至百倍的学生时，教师还能处理每个学生的疑问和请求吗？能够做到因材施教吗？

在教育资源优化配置、优质资源规模化传播的创新过程中，另一股力量——实现教学精细化、个性化的教学也在上演，包括对教室中教学环境的优化。在英特尔2015智慧教育信息化峰会上，英特尔与合作伙伴推出的一系列智慧课堂解决方案亮相，其中交互电子白板作为实现智慧课堂的重要媒介成为解决方案中的亮点，通过交互电子白板，不仅仅让教的环节便利和简化，更为重要的是学生在这一解决方案下课堂互动，激发学生创想能力。可以说，在教室环境中，通过端到端的硬件设备创新，将传统教学环节信息单向流动变为双向流动，为精细化、个性化教育打下基础。

正如英特尔智慧课堂解决方案一样，实现精细化、个性化教育，离不开对课堂中各类软硬件的创新，交互电子白板的引入和升级换代正是为此提供了最好工具。在笔者看来，智慧课堂的方案正是一种从"人联网"向"物联网"思维转变的体现。

在互联网教育的方案中，学习人数规模大幅扩大实现了规模化的网络效应，这个过程是一个典型的人与人连接扩展的过程；当各类交互设备进入课堂，教师与学生、学生与学生之间的连接交互关系更强的基础上，设备也可能成为一个"懂得"主人的智能终端，将课堂中的人与人联网关系扩展到包含物与物联网的关系。

在物联网应用中，"物"已不再是一个实体的概念，诸如人的行为、习惯等可被数字化的内容均可纳入"物"的范畴，是一个扩展的"物"的概念。之所以能扩展到这样的范畴，一个重要原因是物联网的发展使得这些原来无法获取的内容现在能够获取了，在使用各类智能终端过程中，这些抽象的行为、习惯等可以被跟踪到，并转化为数字化的形式。在课堂环境中，包括学生的学习习惯、学习过程、知识掌握的情况，若能通过交互终端进行跟踪，形成的信息以数字形式存储，加上大数据的分析，可以挖掘每一学生的学习规律，从而实现精细化和个性化的教学。在这个"人联网"向"物联网"转变过程中，数据驱动成为变革的主线。

数据驱动的物联网应用于教育场景，让个性化、精细化教育成为现实。不过，信息化应用于教育并非一蹴而就，涉及到百年大计，教育领域应用的应该是成熟，并经过验证的信息化方案。文中提到的以交互电子白板为重要媒介的智慧课堂方案，正是在B2B的商务场景中得到成熟应用验证后引入的，因此在教育行业中带来了火爆的增长。

英特尔智慧课堂中有专门的设备管理"物联网区"，主要实现课堂能源管控、灯光调整、视力保护等功能。此类方案已广泛应用于智能家居、智慧办公、智能工厂等行业的室内环境中，已具备各类场景应用的条件，将其应用于智慧课堂中可以说是经过验证的成熟方案。

另一方面，实现数据驱动的物联网应用，首先需要采集海量的数据，当前智慧教育中能够采集到的数据还是有限的，无法形成大数据分析来支撑个性化教育。同样，数据驱动的探索也应是在其他领域已规模化验证后的方案应用于教育领域，渐进式推进。

物联网在促进各行业转型正在加速，随着物联网商用的成熟，教育领域应用物联网的案例和成果会越来越多，相信物联网+教育会在传统教育转型中发挥关键作用。

物联网改变了生活方式

医疗领域的物联网前瞻

物联网将可能在医药行业掀起一场革命。人们将不需要每年看医生只为了做个几分钟的检查，护士也不需要不断地对高危病人进行巡视，传感器将全天24小时、全年无休地提供连续不断的监测和数据。使用新一代软件和精细算法，智能医疗仪器就能分析详细的数据流，在早期查找出潜在的问题和触发点，这样医生和其他从业人员就可以以更加积极和充分的方法治疗病症。

同时，消费者将利用3D打印机制作医疗设备，例如夹板、注射器和支架。医药专家将能打印用于更换的组织，例如皮肤和各种内脏。事实上，多所大学的研究人员已经成功地实现了所谓的生物打印。例如，康奈尔大学的一个团队已经打印出了人类耳朵，可以替换受伤或切断的耳朵。来自美国维克森林大学再生医学研究所（Wake Forest Institute for Regenerative Medicine）的另一个团队正在研发3D打印血管，而一家名为Organovo Holdings的公司正在研发可替代肝脏等器官。

在医疗领域，物联网既应用于临床也应用于医院运营管理。在医院临床上，物联网应用在移动护理条码扫描系统、移动门诊输液管理系统、婴儿防盗系统、患者生命体征动态监测系统等；在医院运营管理体系上，物联网应用于消毒供应中心质量追溯系统、科室物资管理系统、医疗废物管理系统、手术器械清点系统等。

医疗物联网离不开二维条码技术和RFID射频识别技术。其中，二维条码技术配备移动护理终端能全程追踪患者的就诊信息以及医疗器械的消毒信息等。用移动护理终端扫描患者腕带、输液瓶（袋）、药品、病床上的二维条码，信息便无线传递至医护工作站。二维条码技术的应用既确保了各项医嘱信息的实时传递，减少医护人员的工作量，更重要的是减少了医疗差错，提升了患者的满意度，提高了医院的管理水平。

RFID技术，又称电子标签、无线射频识别，是一种通信技术，可通过无线电讯号识别特定目标并读写相关数据，而无需识别系统与特定目标之间建立机械或光学接触。RFID技术被应用在资产管理和设备追踪的应用中，中国药学会有关数据显示，我国每年至少有20万人死于用错药与用药不当、有11%~26%的不合格用药人数，以及10%左右的用药失误病例。因此，RFID技术在对药品与设备进行跟踪监测、整顿规范医药用品市场中起到重要作用。除此之外，对于婴儿防盗、医疗废物的监测等方面，RFID技术都功不可没。例如，基于物联网的生命体征采集系统采用目前最先进的RFID技术，在患者身上佩戴内置感应器的RFID标签就能实时监测患者的各项生命体征：体温、脉搏、呼吸、血压等。

几乎没有哪个领域能提供比健康卫生行业更加令人信服的支持的联网的理由。耐克Fuelband智能健身手环、Fitbit手环和Jawbone健康追踪器等给我们带来了仅仅几年前还无法想象到的洞察力。这些设备连接到与其他应用共享数据的应用，在个人健康领域建立起一套完整的产品和服务生态系统——从锻炼到营养，一应俱全。卡路里和营养信息不需要人工记录在表格中。这些设备通过加速计测量活动情况，使用条形码扫描器极为全面地掌握卡路里、营养和锻炼情况。这些数据通过网页或智能手机应用以图表、图解和图片的形式传递给个人。

这项技术也强势地延伸到了其他领域。联网体重计将数据传送到云服务器，而云服务器又将数据传递到网页或智能手机应用中的个人信息仪表板。睡眠追踪系统记录诸如噪声等级、室内温度和光亮等环境数据，与放在床垫下面的传感器联合起来，提供有关夜间睡眠规律和周期的详细信息。这些与智能手机应用结合成一体的系统制作出了越来越多的个性化程序，用于助眠和叫早。另外，现在也出现了测量和矫正姿势的系统、测量锻炼过程中运动程度和氧气消耗的设备以及通过智能手机应用即时提供反馈的袖珍等长训练器。

不过，个人健康只是向着更加互联的未来迈出的一小步。越来越多过去价值数百数千美元的医疗设备已经出现在互联领域，包括血压计、血糖仪及会发出提醒、配制合适的药量并在出现异常时向护理人员和医疗人员报警的居家配药系统。在并不遥远的未来，医生也有可能在我们体内嵌入微型传感器和纳米机器人。这些设备可以检测我们的器官和组织，确定什么时候需要服药并按最佳剂量配药，它们可以调出详细信息传递给临床医生。

远程无线监护平台——远程动态血压监护系统——让你随时随地监护你的血压状况。展台负责人介绍，该系统由动态血压监测仪、E+医终端、医生工作站、控制中心四部分组成，是依托无线远程健康监护平台的信息采集与传输，对患者在某一时间的血压进行自动采集与发送保存，如果患者血压值超过预先设定值时，系统将自动向相关人员发送短信等报警提示，这对高血压并发症有着重要的临床意义。

远程无线健康监护平台——远程动态血压监护系统，为你的健康保驾护航。工作人员介绍，利用该系统可建立个人电子健康档案，对影响个人身心健康的危险因素进行管理和干预，并定期进行干预效果评价与管理，从而有效降低影响个人身心健康的危险因素。该系统适用于大型企业、事业单位、医院、会所等单位，为企业员工、客户、患者建立健康档案并进行管理。目前，该系统已在部分医院进行试点应用，未来将逐步向大范围推广应用。

医疗物联网平台——智能婴儿管理系统，实时定位管理防止婴儿被盗、错抱。工作人员介绍，该系统利用无线通信技术，能够对婴儿进行实时定位，当婴儿处于未授权区域或配带的智能腕带遭人破坏时，控制中心将会发出报警信息，有效防止婴儿被盗。

物联网与交通

物联网技术正在改变我们的生活。在交通方面,我们看到了自动驾驶技术的出现,以及车联网的到来。

生活在大都市的朋友或多或少都离不开车。提到车,自然就想到车带给现代社会的三大问题:安全、拥堵、环境。而车联网的最终目标就是直面这三大问题,构建智能交通体系。

说到车联网,就不得不提两位近年在科技界风生水起的明星大佬。一位是特斯拉的CEO埃隆·马斯克(Elon Musk),一位是Uber的创始人特拉维斯·卡兰尼克(Travis Kalanick),这两位分别从电动跑车和打车软件开始,不同的切入点,最终都直指无人驾驶。两位都是相当具有传奇色彩的人物,相关生平感兴趣的朋友可以在网上查询。

车联网是什么概念呢?特斯拉的车以贵闻名,而电动车只是开始,自动驾驶才是特斯拉的目标。马斯克曾提出,未来的汽车由人来驾驶将被禁止,因为由人驾驶的汽车比自动驾驶的车更危险。

车联网的一个重要基础是智能汽车。这种汽车不但可实现无人驾驶,同时与道路设施、其他交通工具及行人通信,还能结合内置地图导航自动规划出行线路。无人驾驶汽车的研发目前已经相对成熟,谷歌的无人驾驶汽车一直吸引着媒体的眼球，并在多地进行了道路测试。在国内，百度的无人汽车发展得也相对较好。

就像我们前面说的，物联网的产品是基于传感的，无人驾驶汽车也不例外。不过，比起产品而言，汽车可携带的传感器更丰富。这样就可以实时监测道路情况，在夜间和大雾等能见度低的环境下依然能够良好运行，避开道路上的路障、行人和车辆等。同时，传感器还能实时监测车的运行状态，比如胎压、发动机温度、油量（或者电量）等数据，为汽车安全行驶提供保障。由于具有智能处理能力，车载电脑对汽车运行的状况调整更加及时和有效，反应也比人类驾驶员敏捷。

智能汽车本身就可以视作一个完整的物联网系统，从传感到处理控制能力一应俱全。但这仅仅是对个人用户而言，智能交通在这基础上还需要更进一层。由于物联网设备的普及，未来的城市道路系统将与现在大不相同。比如红绿灯，在过去我们是按照时间来划分人与车的通行，哪怕是没有行人，汽车也不得不等红灯结束，而对行人也同样如此。而在实现智能交通的情况下，红绿灯将只在有需要的情况下亮起。当有行人需要穿越公路的时候，汽车才会停止行驶以避让行人。

这个过程，无论是驾驶员还是行人都不必投入太多精力，因为车载电脑将和城市的交通系统联网，能够实时知道行人的动向。同时，由于更多车辆和行人能够被实时定位，交通系统能够根据每条道路上的车辆和行人状况，为每辆需要出行的汽车规划较好的线路，节约车主的时间，这对出行目的明确的车主来说是非常好的方式。

在这里，我们就来说说卡兰尼克和他的Uber。说起Uber，对中国来说,我们可能更熟悉的是滴滴、快的(现已合并)。Uber可以说是打车行业的鼻祖,与滴滴、快的专门为出租车服务的理念不一样,Uber的经营理念是基于社交场景的,也推出了一键叫直升机和租船的服务。由于能够根据用户和空闲车辆的相对位置来提供服务,Uber能够为司机和用户节约更多的时间,在一定程度上缓解交通压力。

我们可以看到,与特斯拉直接造车不同,Uber提供的是基于软件和网络的服务,有人甚至提出Uber对陌陌等社交软件会构成威胁。其目前解决的问题其实是人与人的信息交换问题,而车主被作为汽车的地理位置代表接入网络,汽车本身并不联网。那么,这更多应该是基于互联网的应用,而不是基于物联网的服务。

笔者认为Uber不直接做自动驾驶汽车有两个原因:其一,Uber是创业公司,其研发能力与特斯拉、谷歌等不能同日而语,而事实上卡兰尼克可能也意识到未来智能出行的主要问题并不在司机与乘客的身上,因此其与美国的卡内基梅隆大学联合研发无人驾驶汽车。其二,现在物联网才刚刚起步,联网设备的丰富程度决定物联网应用能为人们带来大价值,所以在智慧城市建设带来更多基础设施的便利之前,对Uber来讲并不是一个良好的切入时机。现在从打车切入,能够积累人们出行和汽车运行的相关经验与原始数据,在未来物联网发展驶入快车道之后,这些经验和数据是其他公司在短期内无法获取的宝贵财富。

按照Uber的逻辑,未来的社会将是共享型经济为主导的社会。他们现在在做的事就是将汽车的资源进行整合,提供给有需求的人。在此基础上,更进一步就是人际关系的再造,汽车变成了一个社交的场所,而不仅仅是交通工具。通过Uber,你认识的不再是一名汽车司机,而是一名企业白领或者律师。

由于Uber对出租车行业的冲击,加上由于监管问题引发的强奸、绑架案件时不时登上舆论头条,包括中国在内的很多国家都发生了出租车司机罢工或围堵Uber司机的事件。法国甚至传唤了Uber的法国负责人,最终以Uber败诉,关闭在法国的业务而结束。美国2016年总统选举民主党参选人希拉里·克林顿则指出,Uber的做法无异于将司机作为员工用而不给合理的福利保障;而在中国则是受到来自滴滴、快的和神州专车的竞争(在这里先脱离其背后的投资方,单从企业来讲)。目前,Uber在中国面临"专车"新的政策压力,在华发展可能进一步受挫,这都是题外话了。

不得不说,Uber的确在监管和控制上还有很多要改进的地方,而出租车行业虽然一直存在各种问题,但其因为有政府监管而更加可靠。当然,就像前面说的Uber要做的事是将出行变成一种社交,藉此产生更大的价值。而专业的出租车司机在某种意义上很难与乘客产生这样的社交价值。笔者认为,Uber推出的是汽车共享理念,而不仅仅是汽车的资源整合,而目前这种理念还很难被所有人认同。在国内,运用相似的技术手段的滴滴、快的率先切入的是出租车市场,其经营理念与Uber其实差别很大。

我们都知道,司机在开车的时候,乘客和司机讲话有时候可能会分散司机注意力,因此造成交通事故可不是件好玩的事情。所以,笔者认为,Uber有意或无意间是在为无人驾驶汽车的未来打下基础。当汽车的功能不仅仅是出行,同时还是社交、购物、旅行、住宿等出行相关行业的综合平台时,无人驾驶将变得越发重要。而车里也将不再有司机和乘客之分,如果分享型经济能够进一步发展的话,估计连车主的概念也会变得模糊。

同时，由于控制系统的简化，车内空间也将变得更加宽敞而舒适。谷歌在进行道路实验的无人汽车比我们路上见到的车要小很多，但其内部空间由于只有座位和人车交互界面的屏幕而没有方向盘等设备，能更加方便乘客之间的交流。这就为汽车成为新的社交场所提供了可能，而司机将会是一个慢慢消亡的行业。

有朋友或许会问，这样做私人汽车会不会被公共交通取代呢？我们知道，在公共场合进行社交不是一件容易的事情，无论是公共汽车还是地铁，似乎都不是合适的社交场所。而私人汽车，我认为其将变得类似于客厅般的存在，不过我们的客厅一般接待的是熟人，而这里可能认识更多的是陌生人。汽车作为代步工具或许会发生形态上的变化，或许会受到分享型经济的影响（这一点可以参考现在的很多城市的自行车出租服务以及一些汽车租赁公司的做法），但私人汽车仍将是未来的主流，因为汽车和房子一样已经成为另外一个重要的私人空间。

当然，智能交通能解决一部分的出行效率问题，但并不能从根本上解决我们城市的拥堵、停车难等汽车问题。造成这些问题的原因还有城市人口和公共设施的问题。要从根本上解决这些问题，还有赖于智慧城市的建设以及政策方面的调控。

我们在城市内的出行依靠汽车解决，那么城际交通呢？按照特斯拉CEO马斯克的设想，汽车出行对城际交通而言既不方便，成本也高，他构想的是一种"超级高铁"来方便人们的出行。现在我们城际交通很大程度上都是依靠铁路，"超级高铁"将是一种更快速和舒适的铁路交通。

对交通工具而言，速度和安全是两个重要因素，城际"超级高铁"目前实现起来还是很困难的。但就像我前面讲的那样，由于工业水平的提升，工业产品的成本将进一步降低，或许"超级高铁"不久后就能走入人们的视野。

从更远来看，由于车能够与车、基础设施、人、城市都进行通信，车联网最终会形成高效有序的智能系统。这个系统内所有的相关信息都能够及时被控制中心处理好，而公共交通也将会更加发达。

坐在不断增加的一系列车辆的方向盘前，你就可能看到汽车的未来。车载导航系统和计算机与具备越来越多各种各样功能的智能手机相连接，实现了包括从开锁和启动发动机到拨打电话和在导航系统中输入地址等功能。这些系统越来越多地利用语音命令——例如苹果公司CarPlay系统依赖语音识别工具Siri——将手机和互联网的功能合并。

越来越多的车辆也支持移动无线网络热点及各种将驾驶变形为计算的特性。此外，为计算保险而接入车载计算机的记录行驶情况的黑匣子，会提供远远超过状态灯所提示的具体诊断信息。Capgemini咨询公司在2014年所做的研究发现，购买汽车的人中55%已经在使用联网汽车服务或者会在购买下一辆车时要求提供这种服务，只有18%的人表示他们不在乎是否具有联网功能。

虽然今天的车辆具备了很多自动功能和先进的远程信息技术（telematics）特性，包括自适应定速巡航、自动刹车、汽车车道偏离警示和自动泊车等特性，但是完全自动汽车还是犹抱琵琶半遮面。这些汽车将读取交通指示灯、交通标记并使用传感器、卫星和互联网数据在高速路和小路上穿行。从2010年开始，谷歌就在研发一辆使用64束激光系统的自动驾驶汽车。这种车辆（实际上是由10辆改装的奥迪、雷克萨斯和丰田汽车组成的试验车队）已经驶过了弯多且坡陡的美国旧金山九曲花街和连接加利福尼亚州与圣弗朗西斯科半岛的金门大桥。

数年之后，自动驾驶车辆将可能在智能道路网络中穿行，并通过自动调整车流实现最优容量和速度以应对交通拥堵等问题。通过这些系统，车辆也可以缩短车间距从而提高道路的通行能力。自动驾驶车辆也可以优化燃料效率并减少汽车碰撞。研究显示，超过90%的车辆碰撞事故都涉及人为失误。观察者们认为自动驾驶车辆将燃料效率提高30%。它们也能让高龄人士在自身不能独立驾驶车辆时仍然可以乘坐这种自动驾驶车辆。

我们对车辆的认识可能会在接下来的几年间发生巨大的变化。无人驾驶汽车可以帮助推广公共交通观念，而非现在的车辆所有权模式。举例来说，广泛的车辆分享可能会成为标准做法。个人可以简单地使用智能手机下单叫车，车辆在几分钟之内就会自主抵达接人地点。一旦把用户送到目的地之后，车辆将开往下一个用户所在地。

自动系统也可以实现无须人工就能停车。乘车人可以在机场或购物中心的车辆暂停区域下车，之后汽车会自动泊车，在接收到指令时再返回。汽车将使用安装在车位上的传感器确定哪儿有空位。今天，有很多应用已经可以实现在美国巴尔的摩、波士顿、芝加哥、纽约和密尔沃基等城市中支持此项服务的停车场进行车位搜寻和预约。美国波特兰国际机场正在使用一个功能还不太完善的自动系统协助驾驶员寻找空车位。当车位没车时，车位上方的指示灯会变绿，而有车停放时，指示灯会变红。停车通道入口处的标识会显示哪些车位是空的。下一步要做的可能就是将这种信息连接到车辆的导航系统。

不过，车辆只是联网基础设施中的一个组成部分。现在，智能手机应用能为地铁和其他公交形式提供信息。例如，在澳大利亚墨尔本，雅拉电车公司（Yarra Trams）负责运营涉及29条线路、轨道总长达250千米的487辆电车，该公司使用内嵌在轨道中的传感器及其他数据为智能手机应用tramTRACKER提供信息，使乘车人精确地知道车辆会在什么时间抵达某个站点。这种系统也会在严重延误或电力故障发生的时候发出提醒。

AIM（交叉路口自动管理）是德克萨斯大学的人工智能实验室的项目。该项目的设想是，当汽车通过路口的时候，不需要考虑红绿灯，而是自动变更速度，找到正确的位置。项目主管Peter Stone说，要实现这个想法，路上的车辆都需要是自动驾驶汽车。"人们坐在后座上，做字谜游戏，或者阅读报纸，与家庭成员交谈等等，"他说，"一旦驾驶不再是人类的任务，人们也开始信任软件的控制，那么，人们就会习惯于汽车自动通过交叉路口。"

这个项目不仅想要消除路口的等待时间，还要削减油耗和排放。"许多的排放和油耗是由加速引起的，我们的系统将使汽车保持更加恒定的速度。"虽然AIM系统是复杂的，但是，它会使交叉路口更为安全。Peter Stone说，在致命的交通事故中，三分之一发生在交叉路口。"交叉路口是非常危险的。当计算机驾驶的时候，即使所有汽车不停地穿过路口，情况也会比现在安全许多。"

自动驾驶汽车的普及仍是遥远的事情。不过，目前已经有一些试图解决交通阻塞的车联网计划。IBM物联网团队的工程师Andy Stanford-Clark说，如今，人们可以收集到各种各样的信息。当这些信息汇集到云端之后，就能够对其进行分析，采取相应的行动。"这或许是让某些交通灯更快地变为绿色,或者是向汽车发送一条信息,或者让车内的导航变更路线。"

但是,当汽车变得更为互联之后,安全会成为一个很大的问题。在美国,黑客们曾攻击道路上的电子标牌,把上面的文字变为"前面有僵尸"。如果交通网络被黑客盯上,那么,城市或许会出现混乱的局面。另一个问题是,路上除了汽车之外,还有骑自行车的人、骑摩托的人和步行者。他们身上携带智能手机,但是,他们通常不会分享位置和路线。

因此,在 Andy Stanford-Clark 看来,解决交通问题的方法,或许不应该是智能化的交通灯,而是向司机提供有用的信息,提醒他们选择正确的路线。"改变司机行为或许比改变交通灯更加容易。"他说。

智能手机应用也在从搜寻价格最低的加油站和在拥挤的体育场停车区定位车辆,到下载电子登机牌或使用前台的条形码登记入住酒店等等在内的所有方面都带来了革命性变化。美国电话电报公司的研究人员已经研发出了一种"智能行李"标签,向旅客显示行李箱在任一时刻的位置。另外,智能手机应用现在可以实时提供公交车、火车和飞机的行驶位置。

物联网的零售业革命

　　互联网彻底改变了我们搜寻商品和购物的方式。电话簿基本上消失了，搜寻和购买物品例如车辆或计算机可以在家中完成，甚至顾客服务也越来越多地以线上的形式进行。今天，在美国，电子商务占全部零售支出的5.2%左右，而且到2017年这个数字预计将升至10.3%左右，达3 700亿美元。咨询公司福雷斯特研究公司（Forrester Research）认为，到2017年美国境内60%的销售将以某种方式涌入互联网。

　　不过，今天越来越多的消费者使用安装在智能手机或平板电脑上的专用应用完成购物。这些移动工具正在从根本上改变着购物方式，而且在此过程中使得零售商和顾客之间的关系变得平等。手机上的摄像头可以用作条形码阅读器，让顾客可以现场进行产品比价。例如，可以在一家商店中扫描煮咖啡器然后查看所在地区及网上其他零售商的报价。这种做法被称为"展厅现象"，已经从基础上撼动了零售业，在零售商产品摆放、信息发布以及与在线零售商进行定价和服务竞争等的方式上带来了巨大变化。

　　同样，像Fooducate等应用让购物者可以在食品店扫描产品条形码，从而查看食品的详细信息及其等级。智能手机事实上起到了扫描

物联网改变了生活方式

仪、移动数据库和饮食追踪器的作用。在红酒、啤酒和许多其他令人感兴趣的方面也有类似的扫描应用。许多这种应用同时也创造出了繁荣的社交媒体社区，人们可以在此分享评价、问题和想法。一些商家的应用中也包含了电子会员卡。

并不奇怪，零售商正在努力进一步缩小物理世界与虚拟世界之间的差距。粗略地来看，二维码使人们可以扫描物体并通过智能手机等设备将其融合到物联网之中。这些二维码有时出现在产品包装上，有时出现在杂志和某些网站上，它们使查看关于食品、家用产品、电子产品等等更详细的信息成为可能。RFID标签和新出现的技术，例如苹果的iBeacon，将这种概念升华到了一个全新的层次。它们有可能会将购物转化为一种高度个性化、场景化及互动性的体验。

iBeacon室内定位系统使用蓝牙低能耗技术（也称为BLE或蓝牙智能）实现与商店中的智能手机和平板电脑进行通信。当系统发现顾客携带的iOS或安卓设备中安装了兼容应用时，就会准确定位顾客的具体位置，向设备发送信息并收到数据反馈。通过这种系统，商家可以根据顾客在商店内所关注的商品或所逗留的区域推送购买建议或促销信息。举例来说，在洗衣剂通道逗留的顾客可能会收到厂家提供的当场可使用的1美元优惠券。

这种技术也可用于提醒顾客购物清单中的商品情况，根据顾客对帽子或宠物用品等的偏好推送店内促销活动或信息，指引顾客前往预定或预购商品位置，提供赛场或棒球场内的座位和零食摊位置图，投递电子客票或者在顾客到场后售卖打折的升级座席。大型零售商，例如美国鹰（American Eagle）、连锁药店Duane Reade、梅西百货公司（Macy's）、西夫韦股份公司（Safeway）、乐购和沃尔玛已经在以

· 223 ·

某种形式使用这项技术了。几个主要的联盟棒球队和NBA金州勇士队都已经开始使用iBeacon技术。未来对类似技术的应用可能包括连接到汽车导航系统，为餐饮店和其他商家传递具有目标性的促销信息的布告板。

智能货架可能会进一步变革购物行为。例如，半导体巨头英特尔研究院（Intel Labs）已经研发出一种名为"货架边缘"（Shelf Edge）的技术。其原型系统将智能手机连接到商店的蓝牙显示器，使顾客可以通过其手持设备与智能商品互动。"货架边缘"还可以发送产品信息甚至可以根据食品致敏性和生活方式偏好发送警示。同时，商店货架上连接到互联网的优惠券分发系统可以实时与顾客及顾客的智能手机互动。厂家或零售商可以根据兑换率等因素实时增加或减少优惠券的派发数量或者促销其他商品。

埃森哲技术实验室（Accenture Technology Labs）现在正在研究增强现实技术，这种技术可以进一步缩小实体店购物和网上购物之间的差距，其WeShop原型应用在传统的商品标签和信息卡之外还提供多种来源的额外数据，它会显示与产品相关的社交活动、会员优惠、购买建议等信息，当顾客将智能手机或平板放到产品标签上方时，系统就会为该顾客发送个性化的信息。例如，如果你正在节食，这款应用可能显示有关某个商品的评价并给出更健康的选择建议。

另外，伦敦城市大学普适计算技术教授阿德里安·戴维·切克（Adrian David Cheok）正在研发可以模仿味觉、嗅觉和触觉的设备。这种设备可能会具备通过计算机或智能手机嗅闻和品尝商品——包括从蜡烛到饭店菜品等——的功能。阿德里安已经创造出许多利用化学、电子和磁性能在基本水平上完成这些任务的设备。他表示，味觉设备可以附加到电脑上,利用像在现在的油墨打印机中那样工作的墨盒状部件就可以实现。

最后导致什么结果呢?在未来几年里,购物的顾客会看到商店的设计和布局将随着POS机的消失而发生变化,而新的店面布局形成,包括售货员使用平板电脑或智能手机完成收银作业。同时出现的还有包含令人感兴趣的新功能的网站,这些功能将扩展人类的感觉能力,使人们可以在购买物品之前尝、闻或触摸样品。

自2016年伊始,中国的电子制造产业将开启新的五年征程。无人能够预测,五年内在科技驱动和创新元素助推下,国内电子制造产业会达到怎样的高度,但可以预见,随着信息技术深度切入,电子制造业定会朝着分工细化、协作紧密方向快速发展,生产方式也会向柔性、智能、精细持续转变。2016年8月30日至9月1日,在深圳会展中心举办了第二十二届华南国际电子生产设备暨微电子工业展(NEPCONSouthChina2016),一大波代表电子制造领域的新产品、新科技和工业解决方案得到完整呈现,其中物联网、智能穿戴、生物通信等潮流电子产业来势汹汹。物联网的形成将彻底打破产业之间的壁垒,为众多产业带来新一轮革命,零售业就是其中的典型案例。

如今,互联设备不仅改变了消费者的生活、工作和娱乐方式,而且正在彻底重塑每一个行业。物联网对零售业尤其具有颠覆性意义。可以看到,已有零售商在尝试利用智能互联设备创建数字生态系统,并由此提供新型服务、重塑客户体验,同时进军新的市场。

在客户体验、供应链以及新的渠道和收入来源这三大关键领域,物联网为零售商带来了诸多机遇。在物联网领域,许多看似科幻小说的情节正在迅速成为现实——甚至超出了许多人的想象。零售商必须果断行动，立即着手制定并实施物联网战略，否则就会被新老对手抢占先机，夺走市场知名度和份额。

改善客户体验

如今，很多企业都已增进了与客户的亲密度，但物联网将会带来远超以往、更加真切而有意义的个性化体验。随着普通"物体"成为智能设备，客户体验也在全面步入数字化，这些体验汇聚成了一股"为我互联"的大趋势。依托这种互联互通的环境，企业能够以每一个消费者为中心去设计和创造产品与服务。

消费者的物联网设备应用率有望迅速攀升：埃森哲互动数字营销服务部门开展的《物联网现状》研究发现，近2/3的消费者都有意在2019年之前购买互联家居设备，而2016年拥有可穿戴产品的消费者已同比增加一倍。

物联网为零售商开发更好的生态系统提供了契机，从而将实体世界和数字世界联接起来，无论消费者是在店内还是店外，均能进行双向实时互动。而日益普及的智能手机则将成为这些互动的枢纽。过去，零售商由于担心有些顾客只会到店内查看商品，然后通过智能手机在线从竞争对手处购买商品，所以数字化步伐异常迟缓；如今，零售商已开始探索新的方式，以更好的沟通联系来强化店内体验。其中一种方法是，利用无线信标定位技术在顾客进入商店后即与其进行直接互动。比如罗德与泰勒（Lord&Taylor）、哈德逊湾(Hudson's Bay)等百货公司已纷纷利用苹果IBeacon技术和Swirl移动营销平台，为下载品牌应用的顾客提供个性化促销信息。

此外，零售商还可充分利用这些互动生成的海量数据，改善客户的进店体验。比如利用传感器跟踪顾客在店内的足迹，商家能够改善店内陈设和商品的摆放策略。雨果博斯公司(HugoBoss)就在店内安置了热传感器来研究客户的移动路径,进而将热门产品摆放在客流量较大的区域。

优化供应链运营

"产业互联网"描述了各家企业如何利用云计算、移动性和大数据等技术,将数字空间和现实世界密切整合在一起,由此提高运营效率并培育创新。预计到2030年,产业互联网和物联网设备的结合有望为全球经济额外创造超过14万亿美元的价值。

面对更为复杂的供应链、日益重要的数字渠道,以及越来越高的客户要求,互联设备和产品为零售商优化运营提供了契机。比如,无线射频技术可以提高库存追踪的精确性,而数据视觉化技术则令员工更容易追踪产品在供应链上的位置;商家甚至可以为顾客提供这项服务,支持客户查看其订单在生产和经销流程中的进度。

店铺经理也可以利用联网智能价签来实时调整定价,比如,降低促销产品或销量不佳产品的价格,抑或提高抢手商品的价格等。完全整合的定价系统将帮助零售商更好地实现货架、收银台和各种渠道之间的价格同步,确保网店与实体店价格一致。

此外,商家还可以在供应链中整合其他物联网设备,进一步改善店铺运营,不断降低成本。比如,依托物联网技术的传感器有助于店铺经理监控并调整照明亮度与温度,在提高顾客舒适度的同时,实现能源节约和开支削减。

传感器能够使许多目前需要人工完成的工作实现自动化,比如追踪个别商品的库存或调整价格等,这将使销售人员有更多时间与顾客交流,进一步提升店内服务。

创造新的渠道和收入来源

但物联网的真正威力在于，能够为零售商带来新的收入来源，甚至建立起全新的渠道。通过拓展新的渠道，零售商可以针对正在崛起的"互联家居"打造高利润的新型产品，攀上更高的营收水平，此类实例已屡见不鲜。

如今，家用电器、家庭安全和舒适产品甚至健康保健产品都逐渐成为物联网生态系统的一部分。家居装饰或消费类电子产品领域的零售商不仅可以提高这些互联设备的销量，比如家得宝(HomeDepot)在售的"智能"产品已达600余种，还可以利用这些设备提供的数据，将自身业务范围延伸至消费者家中。

而一些零售商则通过成为整合"平台"，进一步利用各类互联产品。这些平台的基本理念在于，使客户的所有家居设备都能够更容易地相互"对话"。

比如，劳氏公司(Lowe's)推出了"智能家居枢纽"——Iris平台，通过Wi-Fi、ZigBee或Z-Wave等联网技术可与任何设备进行通信。该平台具有开放式接口，因此制造商可以将自身产品与其对接起来。Iris令劳氏有能力与AT&T和Verizon等电信运营商直接展开角逐，同时也为公司创造了崭新机会——与制造商合作将各种产品整合到Iris平台之上。此外，家得宝的Wink和史泰博的Connect等其他平台也在纷纷问世。

而食杂店等其他类别的零售商同样可以建立这种平台，或是与这些平台展开合作。互联平台为零售商提供了另一种与客户直接互动的渠道，从而开启了潜藏的客户数据宝库。这些信息几乎涵盖了家居生活的方方面面——从用电量一直到消费趋势，善用这些信息能够帮助

物联网改变了生活方式

零售商提供更具针对性的产品或服务；或者，他们也可以将现有的电子商务渠道同互联平台加以整合，由此提供各种新的服务，比如根据客户消费或保质期监控情况自动续订产品。

电子制造产业蕴藏着巨大的商机，尤其是未来的移动物联网，智能机器、智慧生活的时代，包括智能家居、安防电子、医疗电子等，经过多年锤炼，总有一些优秀的企业能够顺应时代的变革，积极追随信息化的浪潮，自我革新、自我迭代。

物联网与城市管理和规划

城市运行体征是通过数据进行量化表现出来的，但这些数据散乱在政府的各个部门中，清华同方的职责是收集各部门有关城市运行体征的数据，帮助城市管理者进行数据汇总、分析，最终对城市体征的量化形态即各类数据进行管理，供政府管理者使用。

政府部门做的每一个决策都需要长期的调研，调研的资料来源于政府部门运行、城市运行的长期积累。政府信息化的高速发展已使政府产生了几百TB的数据。但数据本身没有任何意义，只有经过一定的系统分析之后，才能发挥数据的价值。智慧城市的每一个细节都会产生庞大的数据，同时，智慧城市的运行基础也来源于对大数据的深度分析。

大数据的表面是一系列静态的数据堆砌，但其实质是对数据进行复杂的分析之后得出一系列规律的动态过程。政府部门本身没有去做这样的事，这就需要企业对其进行支撑，同方看到了大数据对城市运行的重要意义，选择政府作为突破口，是形势发展的要求，也是同方大数据的独特之处。值得说明的是，同方大数据不参与政府决策，只是为政府决策提供数据支持。用数据的直观形式展现业务之间的关系，用数据表现城市发展变化和趋势，分析总结出城市存在的问题，为政府部门的决策提供辅助。

城市运行体征的管理也需要大数据的推动。大数据在反映城市运行体征的时候，并不需要了解城市部门的主要业务及运作流程，单纯从数据的角度出发，通过计算机软件分析之后，数据就能得出一些规律，不关乎业务，不关乎结果，但能完全反映出数据之间的关联性。从大数据的角度出发，驱动城市运行体征发展，是一个可以在决策前段刨出人力的纯计算机运作模式，这样的好处是运作的量化和规范化。

对于大数据、物联网与智慧城市的发展，中国信息技术权威专家——国务院物联网领导小组组长、中国工程院邬贺铨院士曾有一个很深奥的表述：从物联网到大数据再到智慧城市，是"格物致知"的过程，通过分析决策达到"知行合一"。

从各地的实践来看，必须用"智慧的方式"来思考智慧城市建设，在城市规划建设管理方面，要做到三个结合。

北京在城市网格管理、视频监控、智能交通、食品溯源、水质和环境检测等行业领域，率先实现了多个物联网行业应用示范项目。北京已在城市交通、市政市容管理、水务、环保、园林绿化、食品安全等多个领域实现了自动化的监测和管理。2010年以来，北京市政府陆续出台了《建设中关村国家自主创新示范区行动计划(2010-2012年)》、《北京市"十二五"时期城市信息化及重大信息基础设施建设规划》、《"十三五"智慧北京行动纲要》等具体的物联网建设规划及方案。以智慧城市物联网解决方案作为突破口和主攻方向，以北京特大城市、提升精细化和智能化为导向，以聚集整合创新资源为重点提升、持续增强创新能力,以龙头企业为核心打造产业集群。同时以总体布局规划发展、整体推进核心突破、资源整合开放合作、创新驱动高端发展为四项基本原则,大力推动物联网产业发展。

无锡市力争通过几年时间,基本建成集技术创新、产业化和市场应用于一体,结构合理、重点突出的物联网产业体系,努力成为掌握物联网核心和关键技术、产业规模化发展和广泛应用的物联网核心区、先导区以及示范区。2012年8月,国务院正式发布《无锡国家传感网创新示范区发展规划纲要(2012~2020年)》,批准无锡市在物联网领域的技术、应用和产业基础,建设无锡国家传感网创新示范区。

智慧城市是适应时代发展新趋势、推动国家信息化与城镇化同步发展的载体。智慧城市运用现代思维和技术,全方位地提升城市治理水平和服务效率,是城市迈向现代化的一个崭新阶段,是未来城市发展的方向。2014年底,中央召开城市工作会议,将推进智慧城市管理作为一项重要内容,并明确提出到2020年,建成一批特色鲜明的智慧城市的目标。现在,全国有300多个城市正在开展智慧城市建设,各地对建设智慧城市的热情很高。从各地的实践来看,必须用"智慧的方式"来思考智慧城市建设,在城市规划建设管理方面,要做到三个结合:在规划方面,要与优化城市空间布局、提升市民生活品质相结合。智慧城市要以现代科学技术为支撑,将新兴技术运用到城市规划工作中。采用模拟技术、云计算、物联网、大数据等,搜集市民需求,获取实时信息,优化城市规划设计方案。用智慧谋规划、用智慧求品质,设计出符合时代要求、符合市民需求的现代城市。在建设方面,要与提升城市运行效率、提高城市综合承载能力相结合。通过智慧城市建设,创新城市生产、生活组织方式,缓解交通拥堵,减少环境污染，避免重复建设和资源浪费，增强城市的活力。运用现代化技术，建立城市基础设施运行安全预警机制，解决单纯依靠基础设施投入解决不了的问题，最大限度地发挥基础设施的使用效率，提高城市综合承载能力。在管理方面，要与创新社会治理模式、实现城市的精细化、精准化管理相结合。智慧城市不仅是城市运行管理的"技术革新"，更是创造一种全新的思维方式、一种先进的治理理念。互联网已经改变了人们的思维方式和行为方式，也对于传统的政府管理模式提出了挑战。我们要通过推动"互联网+城市"、"物联网+城市"发展，用新的理念、新的技术、新的方法管理城市，让人民群众也参与到城市管理之中，真正做到为人民管理城市。

总之，智慧城市必将带来城市发展史上一场全方位的变革。笔者希望未来的智慧城市应该是有自我纠错能力的城市，对城市潜在问题和各类突发事件有自我发现、自我诊断、自我调节和自我治理的能力。未来的智慧城市，只有想不到的，少有办不到的。

大数据驱动下的智慧城市，关乎每个人的生活。最普遍的例子就是天气预报，以前的天气预报只会预测一下天气，但现今的天气预报会告诉公众更多的信息，如气象指数、空气污染指数、穿衣指数、驱车安全指数等，甚至是否有利于运动，对发型及妆容的影响都有说明。这是能让普通百姓切身体会的智慧生活，未来，教育、交通等关乎人们衣食住行的方方面面都会变得智慧起来。教育方面，我们可以看看美国的做法，美国每个大学都会将升学率、就业率、毕业生的年薪水平等如实展示，这对学生选择学校专业等是很有利的数据支持。交通方面，怎样畅通城市交通，怎样寻找停车位，选择哪种交通方式更便利安全等，都是智慧城市的未来状态。

物联网与食品的关系

《互联网3.0：云脑物联网创造DT新世界》一书中指出，在物联网世界，每一件物体都有传感器，都拥有独立的IP，一切物体都可控、定位、协同。世界上存在着多种生态系统，食品、空气、水都是最基本的生活元素，每种元素都有自己的循环结构，并不断趋于平衡。

据预测，未来人、家电、食品、空气、能源、交通工具等，世界上几乎所有物品都将会被联接在一起。目前已经有越来越多的企业开始探索物联网生态并构建相应的平台。

继推出物联运营支撑平台（UP平台）后，长虹围绕着人体的胃、肺和肾，开始和食品、空气、水等生活元素"较上劲"。长虹旗下美菱在合肥召开发布会，提出"智汇家"生态圈计划的同时，发布全球首创的两大智能产品：CHiQ2代冰箱和CHiQ智慧空气管家。

工业4.0时代，首先需要解决的就是获取信息的准确和可靠性。物联网之所以可以实现人与物的沟通，要得益于传感器技术的进步。从专业角度讲，传感器是一种监测装置，可以感受到被测量的信息，并按照一定规律将信息呈现给另一方。物联网之所以牵动各行各业的精神，就是因为将"传感器"嵌入到机器、交通、生活中。

据介绍，美菱发布的全球首创温区自由定制的物联网冰箱，两大核心技术ETC智能识别技术和智能冷量分配技术有效解决了食品放置识别率低、冰箱温区空间固定且无法按需定义的痛点，极大程度地提升了用户体验感。

由冰箱、食品和人共同构建的生态圈相当于一个信息源，实时采集用户在食品购买、食品储藏、食品食用等各方面的数据。这些用户行为数据通过长虹的大数据中心被采集起来，再通过能力强大的计算机群，如云计算对其中的数据进行分析、运营，随后得出人们对食品偏好、价格敏感度、口味、口感诉求等精细、准确和动态的数据，来改变食品链条前端生产地或输送渠道，以求推出更好的服务并形成全新的商业形态。

传感器技术的不断成熟和发展，让原本"死物"的智能硬件拥有了可以与人对话的"生命"，在联接框架IPP的支持下，不同产品彼此可以互通互联。目前长虹大数据中心拥有超过80PB的用户行为数据，用于探索物联网生态及摸索新的商业模式。

2016年，白色家电智能化进程重新成为亮点。曾经在互联网时代"落伍"的空调、冰箱、洗衣机等白色家电正在迎头赶上。

为了改变室内空气现状和用户切换不同空气净化产品的使用痛点，美菱推出了行业首创的CHiQ智慧空气管家。

据美菱相关负责人介绍，CHiQ智慧空气管家是一套包含传感器、控制端、设备端在内的一整套空气系统。作为CHiQ智慧空气管家三大功能端统一调配工作的核心技术是SAW全天候自控技术，该技术可自动获取环境空气参数，结合优质空气的逻辑计算，控制设备群组自动运转，实现了自动获取、自动运算、自动运转。

CHiQ智慧空气管家围绕着"空气"建立起生态体系,依托于UP平台和大数据、云计算,第三方健康机构和旅游景区也正在逐步融入到生态体系中,为捍卫用户"空气质量"和"身体健康"献策献力。

2016年年初,长虹正式推出了业内首个物联运营支撑平台,在协同模式下,长虹及合作伙伴的业务已深入到智慧家庭、智慧社区、智慧城市中。眼下,长虹的白色家电业务快速发展,智能终端首创的核心技术切中了用户痛点,再次推动了白色家电智能化发展。

白色家电是传统的机械制造业,机械制造业要智能化,从产品属性看要比黑电(如彩电)困难很多。

长虹的CHiQ2代空调和CHiQ智慧空气管家并不是简单的智能控制,而是真正地站在了用户立场上,与互联网、物联网、大数据、云计算等技术融合的成果。该公司围绕着"食品、空气"等生态元素建立体系,带动上下游产业的融入和服务,去摸索和构建新商业模式,寻找继硬件产品后的持续性盈利点,直指白色家电发展重心,有望掀起行业热潮。

物联网是一种比较先进的技术了,在很多领域还没有开发使用,最近冷鲜食品也开始用物联网了,RFID标签中存储着很多拥有的信息,是一种非接触式的自动识别技术,RFID技术可以通过射频信号自动识别目标对象并获取相关数据,通过无线数据通信网络可以把它们自动采集到一个中央信息系统里,实现各种物品的识别。所以冷鲜食品用物联网也可以解决冷鲜食品在解冻以后的麻烦问题了。

冷鲜食品由于其特殊性,本身就对流通链上的各个环节要求很高。有人说,"冰淇淋如果融化,即使再冻上也不能称为冰淇淋了,而是牛奶和冰晶的混合物"。其实,很多冷冻产品都存在这个问题,

物联网改变了生活方式

一旦解冻即使再次冷冻、冷藏，都会改变食品的原有口感，甚至导致食物腐败。

因此在冷冻食品供应链上，采用RFID技术的意义和作用很大。

中式快餐业的发展壮大离不开标准化，食材的统一供应是实现菜品统一的基础，以米面食等东方菜系为主的中式快餐，食材丰富，要实现所有的新鲜食材统一配送则更具挑战性。

中式快餐吉野家装备了RFID无线射频识别冷链温度监控系统。这小小的RFID温度标签内部装备有芯片和温度传感器，并且装有超薄的纽扣电池，能够连续使用五年以上。温度传感器随时收集到的温度信息不仅能够实时存储在RFID芯片里面，还能够通过RFID读写天线传送出去，并且可以实现远距离读写（最远距离30米）。当食材存放在仓库中时，还可以通过RFID时时观测记录食材保温箱的温度信息。

同样是北京地区知名中式快餐的和合谷公司，其冷藏车队也采用了RFID冷链温度监控系统，在运输过程中，一旦出现温度异常，系统就会自动报警，司机在第一时间就能采取措施，从而避免了因人为疏忽导致的冷链风险。

现在的物联网就和互联网一样，发展起来是很快的，也就和网一样，给人们的生活带来很多方便，可以通过物联网技术来管理冷鲜食品，不用担心冷鲜食品解冻了以后应该怎么办这个问题了。

物联网改变一切

在当今的商业世界，我们正见证着两大星系史诗般的碰撞；两套截然不同的体系在快速整合，并将最终促使体系内的元素重新排列。

所有的这一切都要归功于物联网。或许你尚不熟悉这一概念，它指的是互联网功能的巨大转变：在人际交流的基础之上，它使得物物之间的交流成为可能。到2015年，不仅已有75%的世界人口接触到互联网，同时还有60亿台设备接入了互联网。计算机网络、传感器、执行器以及所有使用互联网协议的设备将构成一个彼此相互联系的全球系统，它拥有改变我们生活的巨大潜力。对管理者和消费者的意义 对管理者而言，互联网的这一发展带来的挑战既长远又迫切。当真实世界与虚拟世界相融合，所有物品都变得智能，并与互联网相连时，他们需要放眼未来，大胆想象在此背景下的各种新可能。此外，从现在开始，他们必须创造能使这些想法变为现实的组织机构以及建立在互联网基础上的商业模式。 作为消费者，当所有设备都接入互联网时，我们就有机会体验买家与卖家的关系如何发生变化。现在，没有人会携带索尼随身听或是磁带出门了；苹果的iPod早已取而代之，我们接触音乐的渠道也换成了苹果的iTunes在线商店。苹果公司同时出售音乐及设备,从中赚取了大量利润。同样,工业产品的购买者与设备制造商的关系也将被智能、联网的设备所改变。例如在机械及设备部署领域,当一台机器配备有传感器时,我们将可以获悉机器所处的状态,必要时,还可以自动启动维修工作。 显然,当所有东西开始联网时,原本的价值创造体系将遭受冲击。在许多情况下,推动产业发展的强劲动力将不再是大规模制造的产品,而是以互联网为基础的、客户对设备的使用。因此,如我们所见,戴姆勒集团(Daimler)正投资发展诸如car2go, myTaxi,以及moovel那样的移动服务;通用公司正利用其所谓的“产业互联网”推进机械及设备部署服务;LG公司正通过可联网的电视机、家电及其相关服务。根据瑞士圣加伦大学技术管理学院所作的一项研究,对于传统制造商而言,这些附加服务绝对能让其赚个盆满钵满。以造纸机为例,如果只是传统的出售造纸机,利润大概只有1%到3%;但若同时出售相关服务,利润则是之前的5至10倍。仅出售轨道列车,或是配套出售相关移动和维修服务,它们之间的利润比也可到达5至10倍。

那些传统工业领域的老牌公司,无论它们生产的是咖啡机、汽车、空调、家庭健身器材还是鞋子,都要继续与它们的同行竞争,同时也会遭遇那些它们此前未曾面对过的对手。 大部分人都清楚,他们未来的战略必须平衡这两方面的需求。它们必须坚守住自己的固有市场当下的业务,同时,它们必须通过提供服务来追求增长,提供更为全面的产品及服务,以在市场中抢占有利位置,赢得客户。(传统制造商不应该有这种想法:为保住规模效益以及生产设备中的附加值,物联网是必须消除的威胁。)由于资源有限,许多传统产品制造公司都站在这一市场中的十字路口,它们所进行的每一笔投资既可以强化他们以产品为核心的设备、供应链、人力资源以及品牌,也可以将它们带入可以获得更高利润的服务新领地。最明智且最常见的做法应该是,同时在这两方面进行投资,以保持两者的奇妙平衡并实现利润的最大化。 如此一来,不管是在外部市场还是公司内部,各种迥然不同的商业实践、企业结构及文化都在不断碰撞。再者,为全面实践物联网这一概念,它们也必须相互碰撞。 当新旧经济两大星系彼此激烈碰撞时,人们预计这将是一场你死我亡的生死对决。但事实上,人们普遍认为,胜利的天平将倾向新经济一边。当然,在新旧经济融合在一起之前,还有许多不同点需要双方克服。(受管控的系统将与开放平台产生矛盾;稀缺资源的管控将与免费的服务模式之间产生矛盾。)但是最有可能出现的情况是,两大星系都将做出改变。正如美国宇航局预期的那样,数十亿年后,银河系将与仙女座相撞,一个充满全新活力的新星系会由此诞生。在这支万有引力的舞蹈中,一个全新的合作伙伴系统将形成。而你需要考虑的问题是:在这个新星系中,你的公司能否成为一个全新的太阳、星球、小月球,还是会被分解为宇宙尘埃云?

第六章
物联网不只是简单的物网相联

　　物联网是互联网的应用拓展，与其说物联网是网络，不如说物联网是业务和应用。因此，应用创新是物联网发展的核心，以用户体验为核心的创新2.0是物联网发展的灵魂。

物联网不只是简单的物网相联

搭建联接一切的物联网生态

移动通信设备的构想要追溯到一个多世纪之前。在20世纪30年代末，美国军方开始使用无线电通信设备，也被称为"步话机"，重约25磅，工作范围大约是5英里。1946年，切斯特·古尔德（Chester Gould）在他创作的连环漫画《侦探特雷西》（Dick Tracy）中介绍了双向的手表无线电设备。这种腕表通信设备成了该连环画中的亮点，而且明显地激发了公众的想象力。之后，在20世纪40年代，贝尔实验室的研究人员，包括小阿莫斯·乔尔（Amos Joel Jr.）、W·雷·杨（W. Rae Young）、D·H·林（D. H. Ring）创造出了一种系统，允许拨打电话的人在移动过程中通话和交换数据。这种技术允许一台通信设备联接到不同的蜂窝基站并根据地理位置切换基站。

美国电话电报公司（AT&T），也就是当时的贝尔系统（Bell System），于1946年6月17日在密苏里州圣路易斯市推出了全球首项移动电话服务。这种业务最初仅吸引到大约5 000名用户，他们每周拨打电话约30 000次。按照现在的标准来看，当时的系统并不怎么便利。接线员必须人工联接这些通话，而且在其他地区不能使用该项服务。电话机重达80磅，而服务费用是每月15美元，每个本地电话还另收30~40

美分。更出乎意料的是，任何时候最多只能有三个用户同时使用该系统。

直到20世纪60年代，贝尔实验室的工程师理查德·弗伦基尔（Richard Frenkiel）和乔尔·恩格尔（Joel Engel）才组装完成计算机和电子器件，超越了简单地以无线电为基础的通信。其后，1973年，摩托罗拉公司的工程师马丁·库珀（Martin Cooper）在纽约市的大街上拨打了第一个从现代化手机上拨出的电话。这种设备的重量稍大于2.4磅，电池寿命仅为20分钟，外形就像一个插着天线的大砖块。又过了10年，移动电话开始进入商业市场。1979年日本电报电话公司（NTT）在日本启动了手机服务，斯堪的纳维亚半岛上的国家在1981年开始提供这项服务，而美国在1983年推出了这项服务。你能想到吗？第一种广泛使用的手机是摩托罗拉的大哥大（DynaTAC），标价接近4 000美元。

直到20世纪90年代，随着现代蜂窝技术和轻小型手机的出现，手机才开始进入社会主流。首次生产数字化智能手机的尝试是由IBM（国际商业机器公司）在1993年进行的。这家科技巨擘推出了Simon智能手机，将移动电话、呼机、传真机和个人数字助理功能集于一部设备之中。Simon具备许多功能，包括日历、通信簿、时钟、计算机、便签和电子邮件。它配备了触摸屏，使用手写笔和全键盘进行输入。诺基亚、爱立信及其他公司不久就跟随着先行者开始制作今天的以图标为中心的设备。

1997年3月，掌上通上市了。虽然苹果和其他公司在之前推出过个人数字助理产品（苹果公司在1992年引入"个人数字助理"这个概

物联网不只是简单的物网相联

念），但只有奔迈（Palm）生产的掌上电脑设备在转眼之间风靡起来。除了日常功能之外，用户能够将重要的个人信息存储在设备上，而且它能够与计算机上的软件同步，也允许用户添加应用和额外的特性。一些机种后来还加入了调制解调器和联接到互联网的功能。有史以来，用户第一次拥有了实用的纸张替代品——可以触及的像素。

可惜，这些解决方案——或是在21世纪初出现的任何智能手机——没有一个实现了今天我们已经认为理所当然的点对点联通。实际上，按照现在的标准，它们都非常笨重而且使用起来也经常不顺手。互联网联接速度很慢而且时断时续，软件并不总能像广告所宣传的那样好用，而且其通用界面错综复杂、令人费解。这些设备最多也就算得上是移动领域中的老爷车。虽然有时候能够联网，但从某些方面来讲它们还不是我们今天所认为的那种意义上的联网设备。

不过，联网移动计算设备的基础已经奠定好了。随着蜂窝网络的改善和Wi-Fi更加普及，实现连通性的一个个要素都已具备。智能手机很快就搭配上了可以实现通过蜂窝网络和Wi-Fi进行联网的芯片。之后，随着iPhone的推出，智能手机的普及率迅速上升。收发信息、查看提醒通知、在社交媒体上发表言论、利用应用扫描文件、交换名片、录音、拍照、识别条形码以及上传各种数据都成为可能。以前仅限于概念化的功能和特性变成了现实。

同时，云计算为在不同设备之间进行文件、图片和数据的同步和交换提供了更好的方式。突然之间，我们就能使用电子登机牌检票，利用条形码预约宾馆，通过数字钱包购买从一杯咖啡到被现场拍卖的商品等各种东西。与此同时，很多企业开始从使用条形码和手工库存系统转变为使用RFID进行货架、车辆、器械、工具等等的标签化和流

245

程追踪。一些公司利用这种技术提高了工厂和仓库的工作效率。另外一些则利用RFID管理供应链取得更高效率。

不过，RFID不仅仅是一种降低成本提高利润的工具，它还在物理世界与虚拟世界之间架起了沟通的桥梁。通过在物体上粘贴一个小标签（或者在设备中安装一个芯片）——不管是利用电磁辐射的微小的无源电子标签还是依靠特高频无线电波的有源电子标签——并安装好一台RFID读写器，一切都无一例外地可以联接到互联网。现在，RFID技术已经被用于道路收费、非接触支付系统、追踪动物、管理机场行李、在护照中嵌入数据、追踪马拉松比赛参赛者以及通过智能手机应用追踪高尔夫球等领域。

过去10年间，各种数字技术已经改变了世界。它们重新定义了人们交流、协作、购物、旅行、阅读、研究、看电影、收集信息、预订假期、管理个人财务及处理大量其他事情的方式。同时，它们颠覆了现代企业，重新界定了包括从销售到物品在供应链上的流动等所有方面。今天，全球的互联网经济规模接近10万亿美元。到2016年，世界全部人口的一半——大约是30亿人——已在使用互联网。

移动性是这场革命的核心。虽然移动电话和笔记本电脑已经出现超过25年了，而且个人数字助理，例如掌上通（Palm Pilot），在20世纪90年代就已经出现了，但是直到2007年苹果公司推出iPhone，单个设备才能够以几近完美的外观造型提供高水平的功能和大量的特性。2010年，iPad的推出再次证明移动时代真正降临了。突然之间，利用强大的新方式进行互动和交易就成为可能。今天，一部价值几百美元的典型智能手机比将航天员送上月球的造价为150 000美元的阿波罗导航计算机具备更高的处理能力。

物联网不只是简单的物网相联

现在世界范围内正在使用中的手机大约有68亿部。在许多发展中国家，手机是上网的唯一方式。这些设备中大约有15亿台是智能手机，而且这个数字还在快速上升。更重要的是，移动设备的总量马上就要超过25亿。根据信息技术咨询公司高德纳公司（Gartner）的分析，通过移动设备进行的网上活动已经占到了网上活动总量的一半以上。后个人电脑时代（post-PC era）——由麻省理工学院计算机科学家戴维·D·克拉克（David D. Clark）在1999年提出的一个术语——显然已经从一个未来概念演化成为现实了。到2016年，移动设备已占到所有宽带联接的4/5。

智能手机以及平板设备正在改变着人们利用互联网和分享数据的方式。它们也为商业、教育机构、政府部门及其他组织带来了新的挑战和机遇，因为这些组织都试图利用社交媒体和实时数据流。同时，除了云计算之外，移动技术提供了关联联网设备的新方式。具备连通性和互联性的网络比之前的任何事物都要强大许多，这项技术堪称具有革命性意义。

现在，一部iPhone或安卓手机可以用作遥控器控制家庭影院设备，操作空调，管理智能家电，与接入互联网的浴室体重计、婴儿监视器、汽车、锻炼运动器械、心跳监控器及很多其他设备进行互动。智能手机能够追踪大批的车辆和器械，检测机械是否运行正常，追踪儿童和宠物。另外，iPhone、iPad和其他设设备的接口可以联接到外部设备和传感器，进一步扩展了设备的功能和性能。除了传感器、软件和电池的现有技术限制之外，思想只受限于创造力和想象力。但是，即使是这些界限也正在随着新的研究进展和突破而快速地消失。

为物体添加标签和将携带智能手机的任何人变成潜在的数据点的

能力会产生非同寻常、意义深远的影响。这不是演化性的，而是革命性的。从各种各样的物体和设备上获取数据的能力事实上会帮助人类进行分析并获得更深刻的见解。要更加全面综合地研究模式、趋势和行为，无须再基于经验推测，可以利用数据和分析学。

联网设备的一个特征是它们会持续不断地报告使用情况、运行行为、状态及其他信息。简而言之，它们会产生大量可供分析并可以作为采取行动的依据的数据。将人类输入和机器输入联合起来，影响力就会变得更大。从社会媒体中获取数据、使用众包技术及利用传感器所收集信息的能力带来了全新的问题和可能性。借助自动化、准则、分析学和人工智能，我们就能够更加深刻地理解周围的世界。

不可否认，移动技术在地球上的一切事物之间建立起了联接点——可以将其看作中枢神经系统。智能手机和其他手持设备、RFID电子标签、机械甚至人体中内置的传感器和物体中植入的微型芯片为测量和管理之前无法感知的事物提供了迥然不同的方式。移动技术也省去了对建筑和房屋进行接线或改装所需的时间、金钱，避免了由此带来的麻烦。随着宽带互联网络和快速蜂窝网络覆盖了地球上的大部分区域，数据收集、分享和使用方面的限制因素正在迅速消失。

不过，仅仅有移动设备和网络是不能形成物联网的。将数据从设备移到数据库并在大量涵盖无数个人和公司的计算网络之间互传是一项非常复杂、昂贵和烦琐的工作。就像高速路不止需要路和路标，还必须具备一大批由加油站、餐厅、汽车旅馆和其他便利设施组成的基础设施，物联网也需要系统、软件和工具提供全方位的支持。缺少了这些组件，就只能形成一些零散的技术集合，而且功能有限。

不同技术与移动性的交叉——包括云计算、社交媒体和大数据——提高了影响力。最终一种技术会协助其他的技术，而当这些技术联合起来，一个更为强大和更具延伸性的平台就诞生了。这就像1+1=3这个等式所表达的。确实，使物联网发挥作用就意味着不仅要理解设备彼此相连的方式，而且要清楚网络及整个生态系统是如何改变数据流并创造价值的。美国市场研究公司ABI Research的业务主管约翰·德夫林（John Devlin）认为，"物联网所需要的基本技术已经存在。完成这个拼图的大部分工作是理解怎样将所有的拼块以正确的方式拼合在一起"。

《大转换：重连世界，从爱迪生到Google》（The Big Switch：Rewiring the World, from Edison to Google）一书作者尼古拉斯·卡尔指出，20世纪初应用广泛且价格低廉的电力的出现所产生的影响波及了商业、贸易和社会的诸多角落。例如，电梯使得建设庞大的高楼成为可能，城市的格局因此开始发生剧烈变化。随着标识增多以及商店可以在天黑之后继续营业，城市环境面貌也变了。同理，移动性和云计算提供了全新的可能性并带来了相似的变化。

物联网到底都能联接什么

2015年是物联网之年。微信正在把自己打造成一个联接的中枢，实现人与物的相联，产生新的消费和应用场景。例如，一家叫艾拉物联的公司，会打通微信用户与一家拉斯维加斯的酒店，不仅完成在微信上的酒店预订与支付，而且能用微信控制房间内的室温、照明、冰箱、窗帘、门锁等。

在深圳由IDEAS与科通芯城联合举办的物联网会议已经证明了一个观点：本来做硬件是一个非常苦逼的活，从2015年开始这个风向有了180度的转化。从智能硬件、从IOT（Internet of Things，物联网）开始给了整个投资界和资本市场很强的信息，也就是说智能硬件在未来的几年不仅是硬件，将会是下一代移动互联网的入口，所以智能硬件就是下一代移动互联网。

所以说，物联网是新一代信息技术的重要组成部分，物联网有两层意思：其一，物联网的核心和基础仍然是互联网，是在互联网基础上的延伸和扩展的网络；其二，其用户端延伸和扩展到了任何物品与物品之间，进行信息交换和通信。物联网就是"物物相连的互联网"。物联网通过智能感知、识别技术与普适计算、广泛应用于网络

物联网不只是简单的物网相联

的融合中,也因此被称为继计算机、互联网之后世界信息产业发展的第三次浪潮。

物联网是互联网的应用拓展,与其说物联网是网络,不如说物联网是业务和应用。因此,应用创新是物联网发展的核心,以用户体验为核心的创新2.0是物联网发展的灵魂。

如果说亚马逊智能设备太辛苦了,还需要拿着一个智能设备到处跑,那么这款智能蛋托会是你最佳的选择,你在超市中看到鸡蛋打折,但又忘记了家里还有多少个鸡蛋,看看手机上的信息你就知道需要再买多少了。这款智能蛋托将实时监控冰箱中鸡蛋的数量,你把鸡蛋放在蛋托上,蛋托会根据重量信息将鸡蛋数量实时发送到你的手机上。

现在爱猫爱狗的人越来越多,这些萌宠在家里的地位也越来越高,不过很多主人由于工作或者其他原因不能时刻陪在这些萌宠身边。iCPooch是远程控制和分配狗粮的视频聊天设备,该装置的发明者是一个14岁的女孩,她希望人们在外出的时候也可以照顾自己心爱的宠物。

如果你还在得意于智能喂狗器,那么这款狗狗健身器会让你更加痴迷。它能对狗跟踪并存储每个狗的日常活动,让主人能得到狗狗每天的运动情况。

下一代的互联网,也许还包括人联网(Internet of Human, IOH)。人体本身是一个巨大的数据库,而即人与人之间"正常"的交往之外,还会通过人体内的传感器传递实时数据,实现健康等方面的应用。

物联网已经存在于我们的生活之中,但如果真正迎来互联网时

· 251 ·

代,还要克服几大挑战。正如Muller指出的,"物联网允许任意设备在任意位置加入并将所有设备联接在一起,但困难的是使这项工作对于用户而言能够尽可能的简单、方便、流畅,就像当今网页与设备的交互那样。"目前,设备、应用与服务完美结合的产品尚少。

与言必称大数据不同,物联网必须建立坚实的小数据基础,才能有大数据的应用。优秀的产品会产生有价值的数据,但这些数据都是锁在"信息孤岛"中的小数据。如何让服务商之间的数据可以共享,保证数据的安全、个人隐私的保护,在信任的基础上建立大数据的服务,仍然有一段很长的路要走。

许多人都在讲IOT领域会再造几个BAT,或者再造100家小米。但物联网时代的商业模式,可能与目前的互联网公司完全不一样。据科技咨询机构高德纳的观察,到2018年,物联网一半的解决方案将由成立不到3年的公司来提供。

高能效的传感器和控制器无处不在,物联网直接嵌入到消费者最终的行为中,未来设备本身将成为服务的一部分,正如目前运营商补贴用户购买手机一样,会越来越普遍。如果把汽车看成是物联网设备,Uber的崛起,很大程度上象征了年轻一代的用户更看重便捷的交通而不是拥有汽车。

物联网将会进一步推动"分享经济"的深化,对于用户来说,使用比拥有更重要。实时的数据对需求高度响应,拥有硬件——从房子到汽车——更多是为了使用服务,所以未来最基本的消费模式,要么是用户租用硬件获取服务,要么是服务商补贴硬件出售服务。

物联网不只是简单的物网相联

联接赋予价值

  微信硬件平台是微信继联接人与人，联接企业/服务与人之后，推出联接物与人、物与物的IOT解决方案。微信凭借日活跃7亿用户，庞大的用户是微信智能硬件平台核心竞争力，同样也承载了腾讯物联网战略的延伸，也是一张上等好船票，支持智能硬件设备接入至微信，据了解，目前接入设备品类超过100种，厂商超过3000家。微信提供的设备标准面板，进一步降低了硬件厂商的开发成本，厂商无需进行服务器端的开发，即可快速为用户提供设备操控界面。微信开放硬件接口，也将加速其在物联网的布局，拥有的入口和联接优势，构建一个开放的物联网生态圈，势必将推动着物联网的普及落地。

  联网设备的概念一点也不新鲜。在数十年前，我们就能将头戴式耳机插进立体声系统或便携式CD播放器的音频插孔，在更加隐私的情形下收听音乐和信息。我们也可以很简单地将定时器联接到灯和电源插座中间从而控制开关灯的时间，还可以使用遥控器控制电子设备。在计算机时代，使用USB端口就可以非常简单地联接一系列外围设备，包括外接硬盘、数码相机、数码录音机、耳机和麦克风、血压监测仪、乐器以及大量其他设备。

毫无疑问，在设备或工具上添加外围设备或部件可以增加其价值。但是，这种类型的设备联接也仅止于此——只是一个物体与另外一个物体的简单联接。这种模型只提供有限的特性和功能。此外，也无法将一件设备，例如灯定时器，进行更加复杂的应用。更糟糕的是，应用于很多这种设备中的接口，说好听点是笨拙些，说难听点就是复杂了。有很多甚至还需要人工编程和不断更新编程。相比之下，联接到互联网的电灯开关可以每天上网核对日出日落信息并自动根据光照变化进行调整，也可以让用户轻而易举地通过智能手机设定和重设规则，并通过向IFTTT（一个网络服务平台，可以让互联网服务更加智能、自动地为人们服务）等服务发送文本信息控制开关。

确实，联网设备和系统在过去几年间变得更加精细。由于有更好的用户交互界面、改进过的软件、简单的远程使用操作、改善了的技术标准及更习惯使用设备的顾客，为联接性和互动性搭建的平台已经形成了。这些技术进步与速度更快的半导体、全球定位系统、加速计等传感器一起，消除了硬件物理层及支持代码，从而推动价格降低并进一步激发对联网设备的需求。

从遥控器上就能看出这种趋势正在发展。以前，消费者每购买一件电子设备就获得一个遥控器。之后通用遥控器出现，一个遥控器适用于多个机器。但是为电视、DVD播放器、收音机调频器和流媒体设备等设备人工编写代码很困难——有时候简直是折磨人。不过，新式的基于软件开发的系统可以安装在智能手机和平板电脑中，对设备进行设置就相当简单直接了，使用者只需输入设备制造商信息和型号，软件就搜索数据库，自动对遥控进行编程，然后将其设置好，使所有设备能够彼此和谐地进行操作。

物联网不只是简单的物网相联

更加智能的软件和系统以及更加精细和更具目标性的算法不仅应用于多种工具，大幅减少了设置或使用一个设备所需要的步骤，也带来了全新的特点。例如，在刚进入2000年时，流媒体播放器开始出现，TIVO（一种数字录像设备，能帮助人们非常方便地录下和筛选电视上播放过的节目）等数字化录像设备广为流行。这些设备显示出了联网设备有多么强大，会如何改变多个行业整体的进程。过了几年之后，消费者就能够进行时间平移（time shifting），按照需求观看节目。再不久，基于互联网的流媒体服务和广播电台出现了，满足了人们快速增长的对不论何时何地都能传送的内容的兴趣。由于传统广播和电视的观众减少了，整个商业模式开始出现根本性的改变。

物联网继续作为2016年电子消费领域的趋势。每个人都想通过联接设备加入其中，如今从狗项圈到面包机再到运动鞋，这一切都与"云"相连。一般来说对于消费性电子产品这是令人兴奋的趋势，但是作为一个行业，我们需要退后一步，然后意识到真正的联接扩展很远，超过云。仅仅是因为一些东西与互联网相连并不意味着他真的是物联网的一部分（或者就像我们经常叫Qualcomm公司"万物物联网"一样）。互联网的独特之处在于它的开放性——将一个网站链接到其他任何网站并且以新颖的方式利用信息的能力。还记得当"混搭"（mashup，指整合网络上多个资料来源或功能，以创造新服务的网路应用程式）在网络聊天上风靡一时的时候么？为什么会这样呢？因为你正好能这样。你可以用一个网站来利用来自其他网站的数据和编程接口，将他们混搭到一起，发布一个全新的炫酷的网站服务。

所以说问题是什么呢？所有这些热点的全新的与物联网相连的设备不是都与云联接么？没错，这正是问题所在。我们把场景过分简化了,每一个特殊的设备似乎都与特定的云服务相连,云不是真实存在的,每一个厂商都有自己的云服务,并且通常情况下这些云处在封闭的、专有的环境中。储存于他们自己的云中的设备不能和其他设备交流,这意味着它们不能从附近物联网设备的数据、内容和控制中获益。这就是为什么我们需要一个独立的应用程序去控制和联接我们买的每一样相关联的东西。短期内这可能是可以接受的,但是它不能扩展。摩擦就在这。分享来自其他网站的内容和信息使得设备变得更加智能,万物物联网应当实现这一点。它应该实现连续计算,这样那些对你而言很重要的信息就可以一直跟随你,不论物理设备是否可用。万物物联网应该能是通过用户界面设计中的阶梯函数使附近设备,电器用具,传感器和智能软件代替人工投入的需求。智能开发人员已经开始使用这种现实世界的物理输入来自动填写信息,这样终端用户就不必亲自动手(想想GPS)。现在想象一下,当智能和传感可以在手机本身之外的地方使用——当来自你的电气设备,汽车或者车库门遥控开关的信息可以提供这种"情境智力"(在日常生活中,智力表现为有目的地适应环境、塑造环境和选择新环境的能力,这些能力统称作情境智力)。

公平的说,万物物联网并不是仅仅从其他设备上收集数据,它还关于通过设备来分享控制。如今,大多数人认为这仅仅意味着通过智能手机上的应用来控制冰箱或者灯光,但这只是开始。试想一下,如果像烤面包机一样简单、低成本的设备,可以动态发现附近拥有先进用户界面的设备(像智能手机,电视,电脑和平板电脑),忽然之间,廉价的家电可以提供美观复杂的界面。还有一个趋势就是随着你一天的移动,你可以从一个设备到另一个设备转换控制。为什么我的

物联网不只是简单的物网相联

短信不能跟着我到我家的不同的屏幕上,即使当时我的手机正悄悄地藏在我的钱包里呢?既然我们在这,就让我们讨论下在万物物联网的世界里,连通性本身的重要性吧。不可否认每件事都是相互关联的。不论是通过无线局域网、蓝牙、无线个人网、以太网、电力线或者3G,它都在发生。但是不管根本的联接技术,理想中所有这些设备应该可以互相发现,联接和交流。每个设备仅仅链接到自己的云服务,这种观念是令人担忧的。如果这个特定的云服务崩溃了怎么办?是不是意味着这些智能设备失去了他们所有的智能?隐私呢?如果我想让一些设备把收集的信息保存在本地我个人的网络中,并且不在互联网上对外分享,我又该怎么办?比如说,我真的希望我的门锁或者车库门控制开关追踪我每次进出家门,然后发送到"云"么?在如今许多最初的物联网设备上,这些都是经常被忽视的复杂性。但是随着万物物联网的发展和演进,这些复杂性必须并且终将得到解决。

事实上,这一设想需要开放和灵活,它需要通过异构网络和异构设备工作的能力,需要即使没有网络联接,也能让设备运行并添加值得能力。好消息是,这一未来并不遥远,而且我已经迫不及待了。因为坦率地说,随着每年的推移,我可以使用身边更智能的东西来弥补我似乎失去的聪明才智。

换言之,互联世界的出现正发挥出一种前所未有的能量的破坏力。忽然之间,我们就可以使用智能手机操作洗衣机和车库门,通过手机修改门的密码和给访客或维修技师设置临时密码,利用智能化的灯、恒温控制器、安全系统等组装出一个家庭自动化平台。制造商推出了集线器,能够控制越来越多的设备用具。大型公司,比如提供智能家居平台的苹果公司,实际上正在强势进入家居自动化领域。

· 257 ·

设定标准

开放硬件架构。开放平台为开发者和厂商构建创新的硬件与有限的预算和资源,是一个行之有效的方法。硬件基于ARM平台开放,结合了低成本和性能、效率和灵活性。

开放操作系统和软件。物联网的异构特性,需要各种各样的软件和应用程序,从嵌入式操作系统到大数据分析和跨平台开发框架。开放的软件是极其宝贵的在这种情况下,因为它给开发商和供应商采用的能力,扩展和定制应用程序,因为他们看到fit-without繁重的许可费或供应商的风险。

开放标准。正如我们前面所讨论的,开放标准和互操作性构建物联网是至关重要的。这样的环境中,各种各样的设备和应用程序必须一起努力。

虽然物联网的大部分管道基础已经到位——无处不在的通信网络、探测周围环境的传感器及可以筛选大量数据并将二进制数字和字节转换为信息和知识的计算机——然而社会才刚刚开始通过某种有意义的方式将设备联接起来。正如网络的出现让人虽笼统粗略却不可思议地窥视到了崭露头角的虚拟世界,联网设备和智能系统只是达到了

物联网不只是简单的物网相联

实际应用的早期阶段。现在，它们仅在缝隙市场[注释]和特定领域发挥出了有限的功能、特性和价值。

在通往适应性更强且无所不包的物联网征途中一个最主要的障碍就是协议和标准之争。在高科技领域，这当然不是什么新鲜事。不同的硬件标准、操作系统和文件格式让商业主管和消费者都饱受折磨。只是在过去几年间计算技术环境才逐渐成熟，强大的工具和机制——例如标准文件格式、统一消息和云计算——缩小了通往互联数字化世界的距离。这个通常被称为"信息消费化"（consumerization of information technology）的演化过程提升了物联网的可用性和生产力。

同时，人们也在积极地探索更加开源的标准。1991年林纳斯·托瓦兹（Linus Torvalds）发布了Linux操作系统的第一个版本，此后该操作系统迅速成长为技术界的重量级参与者。更重要的是，开放系统和开源编码已经对整个商界及更广泛的领域产生了冲击。这种概念从根本上改革了商业运作方式。从摄影和个人健康设备到工业照明和暖通空调系统，制作和销售在封闭体系内操作的物体变得越来越困难。现在，一种产品或应用只是更大的由一体化机器和编码所构成的车轮中的一个小小齿轮。

摧毁将工业系统与消费者设备分离开来的无形墙是一项非常艰巨的任务。许多企业死守着它们的专有技术不放，因为它们认为——或对或错——这给它们带来了市场优势。同样，一些商业主管坚信开放系统或者应用程序编程接口将损害自己并让竞争对手获益。这样一来，他们就采取了典型的保护主义做法。然而，在商业和技术前进大势之中的某一时刻，行业和社会会到达一个临界点，在这个点上某种竞争优势可能会变得毫无价值，或者更坏的情况是变为竞争劣势。

例如，即使是最复杂且设计精致的电子打字机或胶卷相机，如今能够为公众提供的边际价值如果有也是很少。此外，这两种产品在数字化设备时代都无法形成任何重要的商业机遇。但是，一种具有控制特定车辆或装置功能的应用程序却能为用户提供边际价值。在物联网发展的早期阶段，还可以向一些消费者兜售这种概念。但是，预期会增长，而且新的创新会出现。联网设备带来的实质性优势既不是来自使用智能手机应用启动车辆引擎，也不是通过网络调节屋内温度，而是由设备组成的大型网络可以共享数据并应用数据实现将过去演化性的成果变成革命性的。

企业目前所面临的挑战是穿越这些科技主权或网关之间的边界，进入新的互联世界。正如IBM、网威公司（Novell）、海湾网络公司（Bay Networks）、思科系统公司等公司的专有网络协议最终会被通用标准替代那样，物联网协议、专有的及封闭的物联网系统最终将为更加开放的环境让路，以使社会实现最大获益。固守专有产品的公司最终会发现它们面临着成为无关紧要或过时的存在的风险。

今天我们对大量日用设备和系统已经习以为常。但是，试想一下如果每家汽车制造商都使用不同的运行控制系统会发生什么情况。想象一下如果汽车司机在一辆车中使用方向盘，而在另一辆车中使用手柄或操纵杆会怎样。想象一下如果电子邮件系统彼此不相连，而电话不能跨服务供应商工作（这些都是在电话和电子邮件发展初期实际存在的问题）会怎样。想象一下如果不同品牌的用具需要完全不同的水电联接装置会出现什么情况。随着成本和复杂程度的提高，销售和采用率都会直线下滑。

同样地，在联网设备无法相互联接的专有物联网世界之中，房主几乎不可能通过一个中央应用或控制板管理一系列的灯具、安保设备、恒温控制器、门锁系统、车库门及其他机器和小器具。如果每个场地都需要不同的应用、工具、技术和方法获取并处理数据，对商家来说在商场、影院或体育场向目标观众推送促销信息或互动内容的难度会更大，成本也更高。

商界开始认识到物联网空间中需要稳健有力的标准。美国电气和电子工程师协会（IEEE）已经建立了大量的标准和协议促进联网系统的发展。美国电气和电子工程师协会标准协会（IEEE Standards Association）主席卡伦·巴泰莱森（Karen Barteleson）将此称为物联网的"结缔组织"。这些以开放模型为基础的标准涵盖了多个领域，包括网络、传感器、医疗设备、智能家居和建筑、智能道路及智能城市电网。另外一个标准组织——国际电信联盟（ITU）的物联网全球标准化行动（Internet of Things Global Standards Initiative），也试图建立一套物联网标准框架。此外，一个被称为AllSeen联盟的组织也在为物联网产品、系统和服务设计一种开源平台。

公司和政府也采取了相应行动。2014年3月，一些大型的实力雄厚的业界公司，包括美国电话电报公司、思科系统公司、通用电气公司、IBM和英特尔，宣布它们将合作创建联接传感器、物体和大型工业机器系统的工程技术标准。白宫和其他政府部门也参与了这项行动。这些组织希望联合起来将协同作业能力推向更深远的层次。美国电话电报公司高级解决方案集团的高级副总裁阿伯希·英格尔（Abhi Ingle）在一篇刊登在《纽约时报》上的文章中描述出了现在面临的挑战："作为一个行业整体，我们已经达成共识，为了实现物联网的腾飞，我们需要更强的协同作业能力、更好的基础材料和更好的标准。"

事实上，对标准和协议的需求包含从小型机器使用电能和电池能源的方式到设备通信并交换数据的方式在内的一切。涉及的话题非常广泛，涵盖布线技术、会计原则及供数据操作者使用的支付系统。同时也包含公司将所有数据纳入大型数据库的方式及它们所采用的安全标准。如果没有这些通用标准以及对数据治理等问题进行管理的明确方针，物联网所具有的大量经济和实用的潜能将无法发挥出来。

云计算是联接物联网的基础

随着物联网时代的带来，各种设备联网后，即万物互联网后所产生的庞大数据，须经智能化的处理、分析，厘清并挖掘出价值显得尤为重要，而作为承载后端的云平台，不仅为海量数据提供存储，也为数据提供后端运算大脑，云计算被视作为物联网发展的基础。

在云计算与移动互联网结合前，云计算应用主要面向传统互联网，包括互联网公司、IT厂商、通信厂商以及电信运营商推出的云计算产品都是以PC端的企业云计算产品为主，数量庞大的移动用户却没有办法从云计算这项新兴科技中受益。从未来的发展趋势来看，智能终端有可能取代PC（美国市场研究公司NPD Group 曾于2012年7月3日发布一项报告称，2016年苹果iPad在美国的出货量将超越笔记本电脑），如果云计算没能成功结合移动互联网，这项技术的发展前景也岌岌可危。通过移动互联网，云计算服务不再仅局限于PC端、更多服务于企业，而是能服务于个人用户的工作、生活等方方面面，从而让云计算服务不再高高在上，离普通人的生活遥不可及，真正推动云计算服务的普及和发展。随着智能手机的普及以及移动互联网的发展，云计算通过个人云服务实现在移动端的突破日益成为可能。

首先,个人云服务容易为用户所接受。例如手机即时通信服务就是一种SaaS类的云服务,用户已经非常熟悉和认可。因此,只要云服务能够满足个人实际需求而在资费上又有优惠,这种业务就对用户有足够的吸引力,也就不难推广和普及。所以,个人云计算是云计算的一个很好的落地方式,特别是移动互联网的发展,已经使终端覆盖消费者几乎所有的日常生活,通过终端传递服务的业务空间非常巨大。

其次,个人云服务市场潜力巨大。移动用户对于个人云服务的需求是差异化、长尾化的,不可能由某几家大型公司所垄断,因此各种中小型企业的参与机会很大。而现有的移动终端由于受到计算能力以及内容和应用领域的限制,还没有被充分开发出来,市场成长空间巨大。因此,互联网巨头如谷歌、终端厂商如苹果以及众多互联网新兴企业率先开始瞄准这一市场。通过不同移动终端之间的互联,个人云服务将为用户带来更加丰富多彩和方便的生活体验。可以说,个人云计算的前景普遍为业界所看好。

如果移动互联网没有云计算,其本身的能力要大打折扣。移动智能终端结合了通信和互联网的优势,便携性好,使用方便,但是相对于PC,因为体积比较小,计算能力和功能受到很多限制。因此,移动智能终端在计算能力上的局限性,需要云端强大的计算能力来互补。而用户需求又是丰富多样、不断更新的,这就决定了移动互联网的应用必须要有强有力的服务器资源做支撑,此时基于互联网的云储存、云引擎、云服务等服务就为这些需求提供了强力支持。

云计算具有超强的计算能力、超强的存储容量和按需应用的3大特点,这使移动云计算具备了诸多优势:突破终端硬件限制、便捷的数据存取、智能均衡负载、降低服务提供者管理成本、按需服务降低用

物联网不只是简单的物网相联

户成本等。例如，用户可随时通过PC或移动终端访问自有数据；中小企业开发人员无需为应用寻找服务器、专用数据库，只需从大型服务商如谷歌、微软和中国电信等提供的公共云中获取即可，从而节省了软硬件搭建成本和维护成本；对于终端来说，强有力的云储存、云应用计算不需要过多消耗终端的资源，这样终端制造商、电信运营商只需要协调需求与搭配应用，用户就可以方便地获得需要的应用。尤其是基于SaaS的应用提供，大量的数据处理和运算放在云端进行，用户只要使用浏览器或简单的客户端就能实现移动互联网业务的接入及按需消费。对于追求个性化的移动互联网市场来说，这非常关键。

在腾讯"云+未来"峰会上，腾讯董事会主席兼首席执行官马化腾出席并发表《云上生态的新探索》的主题演讲，他提到，未来主体是传统行业利用互联网技术，在云端用人工智能的方式处理大数据。作为未来的方向，马化腾指出，在未来大部分科技创新后台核心一定需要云技术的支撑，比如人工智能、物联网，甚至未来的无人驾驶、机器人等等，它的后台的核心一定有一颗在云端的大脑。当然终端会有一定的能力，但是一定要靠云端有一个非常强大的大脑来支撑。

腾讯云有着深厚的基础架构，并且有着多年对海量互联网服务的经验，不管是社交、游戏还是其他领域，都有多年的成熟产品来提供产品服务。腾讯在云端完成重要部署，为开发者及企业提供云服务、云数据、云运营等整体一站式服务方案。具体包括云服务器、云存储、云数据库和弹性web引擎等基础云服务；腾讯云分析（MTA）、腾讯云推送（信鸽）等腾讯整体大数据能力；以及 QQ互联、QQ空间、微云、微社区等云端链接社交体系。这些正是腾讯云可以提供给这个行业的差异化优势，造就了可支持各种互联网使用场景的高品质的腾讯云技术平台。

腾讯公司成立后，第一个产品QQ其实就是一朵云。从PC时代第一版的QQ到现在，腾讯云始终积极地探寻，从解决如何稳定服务、让用户的QQ不掉线；到解决如何满足用户越来越丰富的需求——更多的社交、更好玩的娱乐、更丰富的在线生活；再到如何开放、如何实现一个中国最大互联网生态平台的价值，腾讯云一步未曾松懈，困难始终巨大，阻碍从未变少，但腾讯精神、技术、实力，还有对用户永不怠慢的热情，让腾讯云走到今天。

多年来，腾讯云基于QQ、QQ空间、微信、腾讯游戏等真正海量业务的技术锤炼，从基础架构到精细化运营，从平台实力到生态能力建设，腾讯云将之整合并面向市场，使之能够为企业和创业者提供集云计算、云数据、云运营于一体的云端服务体验。云计算为IT乃至整个商业市场带来的变革早已不是空谈。传统企业在云时代得以实现根本意义上的转型，大企业在云端获得源源不断的生命力，中小企业通过云，更快地面向市场获得机遇与发展。未来，会有更多的企业将加入云的世界，腾讯云将致力于打造最高质量、最佳生态的公有云服务平台。让企业更专注业务，而将基础建设放心地交给腾讯云。

自2013年推出以来，腾讯云依托腾讯自身在互联网行业多年的积累，率先在游戏、视频、移动应用等领域中发力，并迅速在这些行业中取得了市场领导地位。对于腾讯云来说，云的价值远不止于互联网行业本身。在2016年7月5日腾讯"云+未来"峰会上，马化腾曾表示，云是"互联网+"基础设施的第一要素。虽然作为"互联网+"概念的倡导者，腾讯自然深得互联网+概念的内核，也已经在互联网+城市服务、互联网+交通、互联网+媒体、互联网+政务、互联网+金融等领域取得了很多成果，但是对于更多传统产业互联网+过程中产生的特定需求，腾讯云依然需要与在特定领域有深耕经验的伙伴合作，提供针对性的产业云化解决方案。此前，腾讯云已连续与金蝶软件和中软国际签署战略合作协议。腾讯云官方称，将与金蝶软件在解决方案、技术、产品、资源共享、品牌支持等方面展开深入合作，与中软国际中通为众多企业客户提供具有行业特色的云服务、云数据、云运营等整体一站式服务方案。在移动互联网时代，企业级应用正在迸发惊人的活力，企业级市场呈现出巨大的发展空间。腾讯在企业级应用上也是多点齐发，除了重点推进的云计算业务外，还推出了包括腾讯企点、微信企业号、企业微信等企业产品，并迅速占据市场领先地位。对于腾讯来说，形成企业级产品之间的联动，将形成企业级应用生态优势。2016年7月，以消费级向企业级进化为主题的第五季微信公开课登陆上海，腾讯云、企业微信、微信企业号三大腾讯企业级产品于此次公开课上首度集体亮相，腾讯云更是宣布1亿元微信生态定向扶持计划。和其他企业级产品的单打独斗不同，此次微信公开课上三个产品将形成"三级火箭"，展现出组合式的能力。

在此次腾讯"云+合作伙伴"巡回招募大会议程上，除腾讯云政策解读外，另一个看点是腾讯企点、微信企业号等腾讯企业级产品的亮相，再一次佐证了腾讯云在协调内部资源发力企业级市场的能力。对于合作伙伴来说，腾讯输出的组合资源无疑将具有独特的吸引力。

作为中国第一大互联网公司的腾讯，透过开放平台，聚拢上下游产业各方面优势资源，重点在智慧生活、智慧城市、智慧政务等行业实施应用，能凭借其资源能构建出一个基于物联网庞大产业链的生态系统，即大平台、大联接、大生态推动着物联网产业发展。

新的行业边界和产品体系

智能互联产品不但能重塑一个行业内部的竞争生态,更能扩展行业本身的范围。除了产品自身,扩展后的行业竞争边界将包含一系列相关产品,这些产品组合到一起能满足更广泛的潜在需求。单一产品的功能会通过相关产品得到优化。例如,将智能农业设备联接到一起,包括拖拉机、旋耕机和播种机,这些设备的整体性能就会提升。

因此,行业的竞争基础将从单一产品的功能转向产品系统的性能,而单独公司只是系统中的一个参与者。如今制造商可以提供一系列互联的设备和相关服务,从而提高设备体系的整体表现。在农机设备业,行业边界从拖拉机制造扩展到农业设备优化。在采矿机械业,久益已经从优化单独设备的性能转向矿区整体设备的性能优化,行业边界也从单独的采矿设备扩展到整个采矿设备系统。

不仅如此,行业边界还会继续扩展,从产品系统进化到包含子系统的产品体系——不同的产品系统和外部信息组合到一起,相互协调从而整体优化,就像智能建筑、智能家居甚至是智能城市。约翰迪尔公司(JohnDeere)和爱科公司(AGCO)合作,不仅将农机设备互联,更联接了灌溉、土壤和施肥系统,公司可随时获取气候、作物价格和期货价格的相关信息,从而优化农业生产的整体效益。智能家居是另一个例子,它包含多个子系统,例如照明系统、空调系统、娱乐系统和安全系统等。如果一家公司的产品对整体系统的性能影响最大,那么它将取得主导性的地位,并分得利润蛋糕中最大的一块。

一些公司,例如约翰迪尔、爱科和久益,它们正有意识地扩展和重新定义行业边界。这会带来新的竞争对手和新的竞争基础,企业需要具备全新且更广泛的能力。业内的其他公司将受到这种趋势的威胁,如果它们无法适应这种变化,它们提供的传统产品将逐渐被商品化。那些高瞻远瞩的公司则将进化为系统整合者,取得行业的统治地位。

智能互联产品带来的网络效应对不同行业的影响也各不相同,但大趋势已日渐清晰。首先,行业进入壁垒的提高,加上早期积累数据带来的先发优势,很多行业将进入行业整合期。其次,在边界快速扩张的行业,行业整合的压力会更大。单一产品制造商很难与多产品公司抗衡,因为后者可以通过系统优化产品性能。最后,一些强大的新进入者会涌现,它们不受传统产品定义和竞争方式的限制,也没有高利润的传统产品需要保护,因此它们能发挥智能互联产品的全部潜力,创造更多价值。一些新进入者甚至将采用"无产品"战略,打造联接产品的系统将成为它们的核心优势,而非产品本身。

冯仑说中国民企是在野蛮生长,而对现在中国的创业热潮来说,同样也是适用的。记得有位极客说,他们玩极客的开发新产品、研究新技术多半是出于兴趣,而在极客这个群体的身后总会有一些创客跟着,把他们做好的东西拿出来重新弄一下,变成产品去融资。而创客们呢,又要面对大公司的竞争。一些项目本身是巨头自己在做的项目,而另一些项目,巨头们则在看到了前景后毫无节操地跟着做。在都是新硬件、新市场的情况下,在专利上很难对对手进行完全的阻击,而面对经验更丰富、产业链更完善的大公司,初创企业几乎没有竞争力。这种局面下,诸如腾讯、阿里等企业开始投资一些创业公司,并且将这些初创企业纳入到自家的"生态系统"里面来。而不同生态圈也将会推出各式功能相似的产品。现在的智能穿戴产品多集中在眼镜(头盔)、手表、手环上,也有衣服、鞋子、戒指等产品,而功能基本是协助健康、运动、观影、遥控等。其实,从产品的角度来讲,这些市场远未成形,很多都只是实现了基本功能,人们并不习惯使用它们。

当然,创新者也有机会引领革命,比如大疆的无人机已经走出国门,占领美国市场,成为无人机行业当之无愧的巨头,同时也向世界展示了中国的创新能力。但随之而来的后来跟风者开始和大疆争抢市场,并向中低端无人机和消费级无人机市场发起冲击,而大疆的策略是继续保持其在高端无人机市场的优势,从而不与其他后进入这个领域的公司正面交锋。就像我们的手机、手环、无人机一样,功能趋同也会由于市场策略等因素从而将市场变得多样化。现在智能硬件的竞争将面临的是类似于智能手机的竞争,智能手机的竞争已经进入白热化阶段,但还是有很多厂商涌入。而未来以手环、手表为代表的智能硬件竞争情况也将类似。或许有读者会提出质疑,即现在智能硬件市场并没有想象的那么大。

物联网最大的优势在于物物相联,试想我们只有一个手环,除了测测运动状态、监控下睡眠质量就没有别的实际应用事情可做了的话,用户估计也不会太买账。小米和美的联合发布了一款空调,就是

物联网不只是简单的物网相联

采用小米手环作为主人的位置感应器，这样，手环就有了应用的场景。而在未来，随着更多的设备的联网，类似的应用场景将会越来越多。穿戴设备作为与主人实时联动的产品，将可能变成未来其他产品与主人交互的入口。这也是我们现在发展可穿戴产业很重要的一个因素。但可穿戴设备现在能够提供的基础功能更多是围绕着人的身体做文章，在缺乏更多智能产品联动的状态下，变成了可有可无的鸡肋玩具。所以，现在兴起的智能硬件风潮，应该去关注的是那些还不具备联网能力的市场，这样反而比较容易取得一定的先发优势。只有能够横向运用的物联网设备足够多，整个产业才会兴盛。只抓住几个点不放，对传统的设备加以改造或跟风把某种产品竞争带入不良发展轨道是本末倒置了。

物联网的很多其他市场其实都还是一片蓝海，扎堆智能硬件、可穿戴设备并不是聪明的举动。如果没有一个足以改变世界的产品，我劝做这块产品的朋友们还是务实地把能力和精力用在更需要的地方吧。说到这里，我们应该可以看到智能产品应该怎么做了。我们要做的是让用户关心和控制设备更少，实现的功能更加贴合用户的心意，这才是真正的智能。当然，这个过程需要时间，不仅要完成技术的积累，而且要符合用户使用习惯的缓慢改变。

由此可见，行业结构不断变化，公司如何取得持续性的竞争优势？首先，竞争战略的基本原则并未发生改变，要取得竞争优势，公司必须通过两种方式进行差异化：1.获得比竞争对手高的产品溢价；2.运营成本低于竞争对手，或者做到两者兼备。这样公司就能获得高于行业平均水平的盈利能力和发展前景。企业竞争优势的基础是运营效益（OperationalEffectiveness）。要提高运营效益，公司要在整条价值链上采用行业最佳实践，包括先进的产品技术和生产设备，与时俱进的销售模型，IT技术和供应链管理方法。

运营效益是企业竞争的筹码。如果公司无法有效运营并不断改进实践，那么它将在成本和质量上落后于竞争对手。然而，单凭运营效益企业的竞争优势难以持续，因为竞争对手也会采用同样的最佳实践并迎头赶上。要超越运营效益的藩篱，公司必须有独特的战略定位。如果说运营效能要求企业做正确的事，战略定位则要求企业做与众不同的事。公司必须决定，如何为选定的客户群提供独特的价值。战略需要取舍，不仅决定要做什么，更要决定不做什么。

智能互联产品为运营益效设定了新的标准，行业最佳实践的标准也大幅提升，每一家公司都要思考如何将智能互联功能融入到自己的产品中。受其影响的并不仅仅是产品，如上文所述，智能互联产品将改变整条价值链中所有生产活动的最佳实践。这里我们将主要探讨智能产品如何影响企业的产品设计、售后服务、营销、人力资源和安全工作，这些生产活动的变化将直接影响企业的战略选择。

设计。智能互联产品需要一整套全新的设计原则，例如通过软件定制产品，实现硬件的标准化：个性化；产品实时升级支持；加强和预判远程服务。要将产品硬件、电子部件、软件、操作系统和互联部件融合到一起，系统工程和软件敏捷开发能力必不可少，鲜有传统制造业企业掌握上述能力。新的产品开发流程要求企业有能力在开发后期，甚至售后对设计进行快速有效的迭代。

软件开发和硬件开发的节奏和频率截然不同，软件开发团队可在一段时间内对应用程序进行10次迭代，但在同一段时间内，硬件团队只能设计出一个新的版本，因此公司需要将不同的时钟频率同步。

物联网不只是简单的物网相联

售后服务。智能互联产品让预防性维护成为可能,且大大提升了服务效率。新的服务架构和服务流程可以利用数据,发现现存以及可能出现的问题,这样公司就能防患于未然,及时对产品进行远程维护。

掌握实时产品性能和使用数据,公司就能大幅减少实地修理的成本,提高备用部件的库存管理效率。公司还能预判出零件或部件失灵的发生,减少产品停机的几率,提高售后服务日程管理效率。设计团队能从数据中提取有价值的信息,未来就能降低产品的故障几率,减少售后服务需求。产品使用信息还可以用作保修证明,杜绝售后纠纷。在有些产品中,公司可以通过用"软件"替换物理部件来降低售后服务成本。例如飞机驾驶舱内的LCD显示屏替代了过去的机械刻度盘和电子仪表,而LCD显示屏可以通过软件升级。产品使用数据也可以帮助企业进行"以服务为导向的设计"——降低设计的复杂性,替换那些容易发生故障的配件,从而让产品维护变得更简单。这些变革大大改善了价值链中的售后服务活动。

营销。通过智能互联产品,公司可以和客户建立新的关系,这需要新的营销技能和实践。通过对产品使用数据的累积和分析,公司更好地理解产品如何为客户创造价值,因此能更好对产品进行定位,将产品价值传递给客户。在数据分析的帮助下,公司能以更先进的方式对营销活动进行分层,为不同的客户定制不同的产品和一揽子服务,为客户提供更大的价值。

此外,公司还可以对这些产品和服务进行更合理的定价,捕捉更多的利润。对于那些可以通过软件,以非常低的成本进行快速迭代和定制的产品,这种模式将释放出最大潜力。约翰迪尔公司过去必须生

· 273 ·

产不同马力的引擎，以满足不同客户的需求，现在公司只需用软件调整引擎的马力即可。

人力资源。智能互联产品为HR部门带来了新的需求和挑战，其中最紧迫的是招聘掌握新技能的人才，他们在人才市场中非常抢手。尤其是以机械工程设计人员为主的团队，他们必须充实公司的软件开发、系统工程、产品云和数据分析等领域的实力。

安全。智能互联产品带来了对公司安全管理的迫切需求，包括公司内部往来和产品之间数据的安全；产品未授权使用防御；产品"技术架构"和公司系统之间的信息安全。公司需要一整套新的安全管理制度：认证流程、产品数据的安全存储、产品数据和客户数据的反黑客防御措施、接入优先级别的定义和控制以及产品对黑客和未授权使用的防御措施。

第七章
物联网与大数据

物联网为大数据分析提供充足的数据来源，而大数据则可以把这些数据加以分析后实现对"物"的智能控制，二者天生就是紧密联系在一起的。

物联网与大数据

物联网与大数据是怎么一回事

我们提到物联网，就不得不把它与现在非常火热的另一个概念联系起来，那就是"大数据"。可以说，二者之间是互相支持和依托的。就像我们前面讲的，物联网的"大脑"将是在"网"上的，而大数据就是运用这张"网"发挥价值的最好的方式。因为"物"是死的，"数据"才是活的。我们对"物"进行处理的过程，是通过信息的传递来实现的，而这些信息产生的数据将具有极高的使用价值。

它们怎么结合的呢？说起来就是物联网为大数据分析提供充足的数据来源，而大数据则可以把这些数据加以分析后实现对"物"的智能控制，二者天生就是紧密联系在一起的。比如手环采集到的运送数据、工厂接收的订单等，就是通过物联网的技术为大数据提供数据支撑。

那么，大数据是怎么一回事呢？关于大数据，有一个为人津津乐道的经典案例，就是啤酒与尿布的例子。不管其来源是怎样的，这并不影响我们用这个例子来说明大数据是怎么发挥作用的。这个案例里面，一家美国超市把尿布与啤酒这两种风马牛不相及的商品摆在一起，但这一奇怪的举措居然使尿布和啤酒的销量大幅增加了。原来，美国的妇女通常在家照顾孩子,所以她们经常会嘱咐丈夫在下班回家的路上为孩子买尿布,而丈夫在买尿布的同时又会顺手购买自己爱喝的啤酒。

在这个案例里面,丈夫的行为被预测出来,其预测的依据是根据长期经验所得的。假定不在尿布旁边放啤酒,爱喝酒的丈夫可能也会去买,但嫌麻烦或者酒瘾不那么大的丈夫可能就只会买了尿布就走,而想不到去买啤酒。因而,大数据就此产生了经济价值。当然,这背后基本是一个零和游戏,这家超市的啤酒销售得多了,别家超市卖得就少了。我们可以看到,大数据分析与物联网一样,也处于刚刚起步阶段。我们现在的数据更多是来自互联网和调研,取得的数据的维度和价值都有一定的局限。

腾讯的QQ我们都用过,它能够把我们久未联系的老同学找出来,推荐给我们去联系,但也会把你的前女友推荐给你的未婚妻认识。淘宝在我们买东西的时候会把相关产品推荐给我们,还会告诉我们诸如某省狮子座最败家、某省水瓶座最花心、某省天蝎座最抠门这样的信息。百度则会对人们使用关键字搜索进行排名,从而让更多人知道最近大家的关注点在哪里。

显然,这些数据或多或少已经开始影响我们的生活。而在未来,万物联网产生的数据量与现在人们通过互联网活动产生的数据量不可同日而语,开发的价值也会更加巨大。比如我们现在的手环、手表读取我们的心率、运动量等数据,仅仅是反馈给我们让我们管理自身健康。而未来随着大数据的分析能力增强,加上能够互动的设备增多,那么这些数据就变成了健康服务,甚至能提前预防疾病发生。

反过来，大数据的处理能力会帮助物联网实现智能控制和产品改进。比如，我们的智能家居的学习功能，可以看作是对用户一段时间的行为数据的收集，然后通过特定算法得出主人的喜好，从而自己完成对家庭环境的控制。对智能家居的应用是非常简单的，也仅仅是一个开始。大数据的更大价值在于对众多数据的分析。简单说来，这可以从横向和纵向两个维度来看。

纵向上就是我们说的，个人数据的深度挖掘，通过各种设备，建立一个精准的用户模型，从而可以提供更加精准的服务。当然，这种模型以前都是由服务供应商来建立的，但往往由于获得的数据种类有限，很难建立精准的模型。而这种方式对个人的隐私也是不利的，存在被暴露的风险。

若干年后，应当由具有很强公信力和技术能力的部门或公司来完成这样的模型建立，在有需要的时候才向相关的服务供应商开放。我们个人对数据的管理能力是很弱的，比如我们现在使用地图，要取得我们的位置信息必须先经过我们的同意。然而，事实上我们的位置信息会被很多后台软件或者服务读取，这在现在是难以避免的。

但随着个人的数据体系建立逐渐完整，用户隐私将受到更多的重视。同时，由于这些数据具有一定的价值，未来个人用户的数据不应该被无偿使用，而是通过某些方式来得到这部分价值。这样的价值目前很难衡量，比如笔者的睡眠状态数据和某位明星的睡眠状态数据价值将不一样，这些数据对研究睡眠的机构而言价值其实差不多，但对娱乐新闻记者来说就差别很大。

那么，这种价值怎么被利用才合理呢？笔者认为，这需要这些设备的制造商能够按照某种标准或遵守某种协定，在提供服务的同时不能随意取得用户的数据。以智能温控器为例,温控器在取得数据后,传送到为用户建立模型的服务器上,再由这个服务器发送指令操控温控器调节室温。当然,这么做不是说要所有设备都必须具有联接现有互联网的能力,这些数据只需要一个网管打包处理就好。而我们自己拥有运算能力的设备本身也可以直接和这些设备相联,如果其能力足够强大,在没有网络的环境下仍然可以进行控制。

数据的纵向发掘,最后形成的是个人模型的建立。那么,横向发掘呢?现在说来,很多数据的应用都是横向上的,因为我们用脱敏处理之后的数据很难再在纵向上发挥价值。即对多个人的数据进行分析统计,然后得出可以用于改进产品、提升服务质量的信息。

举个例子,果汁的供应商获得的数据可能就是"有一个人喜欢吃苹果",而不是"张三喜欢吃苹果",如果进一步想取得这个人的数据,果汁的供应商则第一要经过本人同意,第二或许需要以某种服务来换取。而哪些数据可以公开,哪些数据不能公开,哪些数据可以出售给任何需要的人,定价几何,个人都可以自己进行管理。

这与我们现在许多公司进行调查的做法类似,不过现在采用的多是问卷调查的方法,其可靠性和数据完整性都有缺陷。

而物联网提供的数据更加准确和有效,同时取得数据的样本将大大增多。更重要的是,这些数据随着个人虚拟形象的慢慢完整建立,会越发贴近个人的真实面貌,更能反映个人的真实需求,并在一定程度上能够预测人的行为从而做到提前准备服务。

最终达到的效果,就是网络世界与现实世界的深度融合和互动,人们想要出行,车就备好了,想要喝水,水就到手边了,达到近乎神话的效果。

物联网与大数据

物联网中的大数据

随着互联网的发展，大数据逐渐成为产业界和学术界一致关注的热点技术。随着数字化时代的推进，术语"大数据"出现在物联网世界的中心。道理很容易理解——不断增多的传感器、设备和信息技术系统产生了大量的数据，社交媒体、消息流、音频、视频及快速增长的各种文档涌入其中。"当叠加多种功能并使用合适的软件将一切都结合起来时，就有可能创造出超越任何独立功能的复杂能力，"ABI Research研究公司的移动设备、应用和内容高级分析师迈克尔·摩根（Michael Morgan）说，"相机、麦克风和传感器可以互相协作，从而大幅提高设备的智能水平。然而，以合适的方式使用合适的数据非常关键。"

从大数据的定义来看，指的是所涉及的数据量规模巨大到无法通过目前的主流软件工具在合理的时间内达到撷取、管理、处理并基于此提供有用信息的目的。大数据具有4V特点：Volume（大量）、Velocity（高速）、Variety（多样）、Veracity（真实性）。

近年来，大数据应用领域十分广泛，涵盖了社会生活的各个方面。《2015年中国大数据发展调查报告》显示，超过55%的国内受访企业部署了大数据应用，2016年中国大数据市场规模已达到150亿元，增速达38%，2017年至2018年将维持40%左右的高速增长——在未来5年到10年，中国大数据产业将迎来黄金增长期。大数据究竟可以为我们的生活带来哪些改变？

大数据的应用已经渗透到我们的各行各业、生产生活中。例如通过分析公司员工相关的健康保险索赔的数据，有助于关注员工的医疗健康状况并且能覆盖到他们的家庭成员。通过分析全球卫星定位系统的数据以及燃油效率传感器的信息，包裹运输服务公司使用大数据简化其运送路线，并且降低燃料成本。

大数据与各个行业的深度融合，将产生出前所未有的社会和商业价值，是京津冀协调发展的重大机遇，全国大数据应用的重大契机。推动大数据产业快速发展，形成完整的大数据产业创新链条，促进大数据产业快速稳定增长起到至关的推动作用。随着互联网+技术的飞速发展使大数据云计算技术将会得到更为长足的发展，必将更为广泛地应用于各个领域为人类的生产生活带来全新的面貌。

相比传统的互联网，在物联网中，对大数据技术具有更高的要求，主要体现在以下几方面：

（1）物联网中的数据量更大：物联网的最主要特征之一是节点的海量性，除了人和服务器之外，物品、设备、传感器等都是物联网的组成节点，其数量规模远大于互联网；同时，物联网节点的数据生成频率远高于互联网，如传感节点多数处于全时工作状态，数据流源源不断。

（2）物联网中的数据速率更高：一方面，物联网中数据海量性必然要求骨干网汇聚更多的数据，数据的传输速率要求更高；另一方面，由于物联网与真实物理世界直接关联，很多情况下需要实时访问、控制相应的节点和设备，因此需要高数据传输速率来支持相应的实时性。

（3）物联网中的数据更加多样化：物联网涉及的应用范围广泛，从智慧城市、智慧交通、智慧物流、商品溯源，到智能家居、智慧医疗、安防监控等，无一不是物联网应用范畴；在不同领域、不同行业，需要面对不同类型、不同格式的应用数据，因此物联网中数据多样性更为突出。

（4）物联网对数据真实性的要求更高：物联网是真实物理世界与虚拟信息世界的结合，其对数据的处理以及基于此进行的决策将直接影响物理世界，物联网中数据的真实性显得尤为重要。

综合以上分析可以看出，大数据是物联网中必须的关键技术，二者的结合能够为物联网系统和应用的发展带来更好的技术基础。以智能安防应用为例，智能安防行业是典型的大数据与物联网相结合的应用场景，物联网技术的普及应用使安防从过去简单的安全防护系统向城市综合化体系演变，涵盖众多的领域，特别是针对重要场所，如机场、银行、地铁、车站、水电气厂、道路桥梁等场所，引入物联网技术后可以通过无线移动、跟踪定位等手段建立全方位的立体防护。智能安防行业需求已从大面积监控布点转变为注重视频智能预警、分析和实战，迫切需要利用大数据技术从海量的视频数据中进行规律预测、情境分析、串并侦查、时空分析等。

由此可见，智能化安防技术的主要内涵是其相关内容和服务的信息化、图像、视频的传输和存储、数据的存储和处理等等。在智能安防领域，数据的产生、存储和处理是智能安防解决方案的基础，只有采集足够有价值的安防信息，通过大数据分析以及综合研判模型，才能制定智能安防决策。同时，大数据处理能够更好地指出智能安防解决方案中存在的问题，从而有针对性地提升智能安防产品服务质量。

但是，物联网不仅仅是烤箱、冰箱、恒温器组建的网络。虽然目前智能家电是物联网的主力军，但是它们仅仅是冰山一角。

IDC预测，到2020年底，物联网设备规模将达到2120亿，包括我们想不到的：压缩机、发电机、涡轮机、鼓风机、石油钻采设备、传送带、内燃机车和医疗成像扫描仪等等。嵌入式传感器在这些机器和设备中利用物联网来传输度量为震动、温度、湿度、风速、位置、燃料消耗、辐射水平的这些数据。

大数据牵引物联网

大数据是我们这个时代最伟大的经济机遇之一。但它的概念非常模糊。在一些谈话中,不同的参与者用"大数据"所表示的意思可能有以下三种:1.大量的数据;2.超出传统数据库功能的数据集;3.使用软件工具来分析前两个意义的数据集。

如何更好地将大数据技术应用于物联网应用中,我认为主要需要从以下几方面开展深入探索:

(1)解决大数据的获取和管理问题:基于物联网标识技术,对设备和数据进行统一标识和管理(智能安防领域如监控信号、图像、视频等),从设备层面解决数据稀疏性问题,从而为大数据的分析和处理奠定底层基础。

(2)解决大数据的处理方法问题:采用分类处理技术,基于处理需求对数据进行分类,对实时数据进行流处理,对离线数据进行批处理,从而在保证处理效率的同时提高数据分析的有效性。

(3)解决大数据的应用模式问题:针对物联网应用在不同行业的特点,对大数据背景下不同行业之物联网业务的新需求进行探索,从而使大数据技术能够对智能安防等应用产生实际的价值。

综上所述，物联网与大数据都是当前业界关注的热门技术，如何使二者有机融合在一起，为应用提供网络、数据两方面的基础服务，是物联网和大数据相关应用发展的关键所在。

物联网最显著的效益就是它能极大地扩展我们监控和测量真实世界中发生的事情的能力。车间经理知道如果发动机发出呜呜声就说明出现了问题。一个有经验的房主知道烘干机的通风系统可能会被线头塞住，从而导致安全隐患。数据系统最终给予了我们精确理解这些问题的能力。

然而，挑战在于使这些让信息更有价值的系统和商业模型不断发展。想一下智能恒温器在峰值功率很紧张的情况下，公用事业单位和第三方能源服务企业想要每分钟准确更新能源消耗情况：通过精确调整能源并最大化节省能源，使得夏季普通的一天和节约用电的一天能够有明显的区别。但如果把时间缩短到午夜至凌晨四点间，对信息的需求就不是那么急迫了：数据主要在确定长期趋势时才能有价值。

20世纪90年代互联网刚一面世，一个最大的担忧就是围绕着数字化富人和数字化穷人。所谓的数字鸿沟的关注点在于对经济和社会不平等的潜在影响。从最基本的层面上来看，那些可以利用数据、信息和知识的人更容易获益，而那些缺乏数字化工具（包括互联网）的人就可能更加缺乏在教育、工作等各方面的机会。按照这种思路，互联网拉大了这些差距。

在物联网时代，利害更进一步地扩大了。尽管联网冰箱自动生成购物清单或传感器控制灯光系统不会使一个人的生活要么成功要么毁灭，但是技术进步最终可能将未联网的人们更远地抛在技术发展曲线的后面。一些人可能得不到掌控个人生活的基本工具和功能，或者他们不得不更加努力以完成每天的任务或挣得还不错的工资。这种数字化差别就像在农业耕作中用锄头与用联合收割机的区别。

其影响可能很严重。例如，在卫生保健领域，植入体内的微型联网传感器和手腕上或衣服内的可穿戴设备可实现几乎难以想象的医疗诊断水平。医生可以及时发现病情并对其进行实时监控，同时以最优方式进行配药。这些传感器可以检测处于早期的心脏病、中风或癌症，并提高病人获得急诊医治的可能性。显然，没有连接到这些系统的人以及不具备这种技术的国家是无法受益的，他们肯定不得不依赖旧式的效率非常低下的程序。

在教育领域也存在着相似的挑战。目前，院校和教师才刚刚开始尝试使用物联网。但是，联网设备和安装了标签的系统带来了许多新功能，包括安装了RFID标签的研究和实验室环境、增强现实和利用配备传感器的平板电脑等设备实现的更为健全的学习培训功能。数字化富人会以牺牲数字化穷人为代价实现繁荣吗？此外，一些人，例如未来学家和作家马塞尔·布林加（Marcel Bullinga），已经提出物联网可能加快"技能退化"的趋势。他预测"儿童将学习更少的知识而取得更高的成就"。对事实知识的需求将因为所有信息都可以实时获得而减少。

现在从消费者的角度思考。15分钟的数据更新间隔都有可能导致超负荷，这不仅仅没有价值，还可能会造成贬低它价值的麻烦事。相反，消费者所需要的不过是一份能够指明一些趋势的月度总结表。

冷库中的空气压缩机是否正常运作？它们中是否有一个已经罢工了？不用担心，状态数据可以提供供应商和消费者关于物联网的实时动态数据。

状态数据是物联网数据中最普遍、最基础的一种。事实上所有事都会产生类似的数据,并把它作为基础。在许多市场中,状态数据更多地被用作进行更复杂分析的原材料,但它也具有它自身的重要价值。

看看Streetline是怎样找到停车位的——它创造了能够提醒订阅者空余车位的系统。当然,长期的数据能帮到城市规划者,但对于消费者来说,实时状态数据才是最重要的。

定位数据

我的货物到哪儿了?它到达目的地了吗?定位服务是GPS应用的必然趋势。GPS非常强大,但在室内、人潮拥挤的地方以及快速变化的环境中的效果并不明显,那些试图追踪托盘以及机械叉车的人可能会需要实时信息。

作为早期的物联网市场,农业领域也需要充分利用位置数据,因为农场主通常需要在很大的地理面积上定位自己的设备。我们已经看到了一些能够帮助人们定位钥匙的消费品的出现,这意味着在为商业和工业用户提供服务的领域存在着更大的市场,尤其是在时间紧迫时,这些领域有大量的资产需要追踪的情况下,Foursquare针对油漆仓库的发展就是抓住了这样一个巨大的机遇。

个性化数据

不要用个人数据来拒绝个性化数据。个性化数据指的是关于个人偏好的匿名数据,消费者自然会对自动化产生怀疑。因为一些住宅管理系统比起你的舒适更关心节省的成本,所以往往你不想困在一个昏暗的办公室或者冰冷的酒店客房。自动化技术同样也存在安全隐患。

尽管如此,自动化也是不可避免的。没有人会为了节省4.75美元而不停地用手指来试恒温器的温度。同样，那些依靠人工交互的照明系统也失败了(一些智能照明生产者希望用他们的传感器数据告诉商店的管理者何时应该打开结账通道)，挑战将围绕开发应用程序和产品规则而展开。

可供行为参考数据

把这个看作是有后续计划的状态数据。建筑物消耗了整个国家电力的73%，并且其中一大部分(根据EPA显示，最高达到30%)被浪费了。为什么呢?因为对于大多数建筑物的所有者来说，能源是次要的问题。他们虽也想解决这一问题，但担心成本、精力以及一些棘手的局面所产生的损失会超出收益。

对于这一问题相应地产生了两种方法：1.能够改变系统实时状态的自动化技术;2.能够使人们改变行为习惯或者做长线投资的说服力。Opower开创了关于说服力的解决方案，也就是提供用户及其邻里之间使用能源的对比数据。根据他们自己的研究，这些具有说服力的数据能使能耗降低2到3个百分点。

反馈数据

你了解你的顾客的真实想法吗?你也许认为你了解，但是你可能错了。在不远的将来，生产者还能分析从已销售的产品中获取的数据，从而更好地了解产品在现实世界中的使用情况。现在大部分公司并不太了解他们产品的使用状况。这些产品从分销商处装运，从零售商处销售，最后进入了千家万户。而使用者和生产者可能永远都不会有交集。物联网创造了一个从消费者到生产者的反馈回路，在这里产品生产者可以通过适度水平的隐私、安全以及匿名性来检验产品的实际表现，并鼓励持续的产品改进和创新。

云计算如何处理大数据

有人说大数据来了,但只是在美国而不是中国。专做政府数据管理的同方对此的看法是:中国对大数据的理解普遍还不那么深入或者与美国的理解有所不同,但不能否认的是,中国已经步入大数据时代。现在中国的很多部委都已经在研究大数据、运用大数据。美国将大数据提升为国家战略,中国还没有明确提出,但已经把大数据上升为与国防一样的高度,多部委还联合发布了鼓励措施。我国政府对大数据的敏感度快速提高,并正在采取措施。所以说,中国已经步入大数据时代,这种重视是由政府层面自上而下进行普及的,可能还未普及到普通百姓层面,但各级政府已经有了高度重视。邬贺铨院士也曾表示:"我国将产生全球最大量的数据,要重视大数据的开发利用和管理。"

大数据的关键在于分享。我国智慧城市发展的一个瓶颈在于信息孤岛效应,各政府部门间不愿公开、分享数据,这就造成数据之间的割裂,无法产生数据的深度价值。关于这一问题,一些政府部门也有清醒的认识,开始寻求解决方案,这是受自身的需求驱动的。比如,一些政府部门原来不愿分享自己的数据,但现在开始寻求数据交换伙伴，因为他们逐渐意识到单一的数据是没法发挥最大效能的，部门之间相互交换数据已经成为一种发展趋势。同时，随着各方面的发展及政策的推进，很多以前不公开的数据也逐渐公开了，这对大数据的发展都是有力的支持。

物联网对大数据的意义方面，不妨举个例子来说明物联网技术对大数据的推进。北京7.21暴雨之后，政府采取了很多解决措施，很重要的一个体现是，北京市科委很快就立了专项基金去给受灾的房山和门头沟这两个区进行应急管理能力的提升以及信息化的建设。清华同方参与了门头沟的项目，帮助门头沟提升预警能力，对门头沟原来的应急平台进行了改造和提升。比如对水位的监测，在有些重点立交桥下安装水位计，水位到一定程度会发生预警，相关部门就可以据此采取一些措施，这就是物联网技术的应用。

物联网技术跟大数据什么关系？当水位计的点增多后，就会收集到更多的数据，这样更便于发现一些规律并发出预警，这是采用大数据的技术手段自然而然就能做的事情。在点位数少的情况下，数据量不够大，只能解决一部分问题。所以说，正因为有了物联网，大数据布的点越来越多，自然而然就要会去分析实时数据。数据的挖掘，原本是对于历史数据的挖掘，现在对于实时数据的挖掘也是一种趋势，说明物联网的技术在推进着大数据相关技术的发展。

云计算经过近几年的发展，逐渐形成了被业界普遍认同的三大模式，技术日趋成熟，市场逐渐壮大，对产业链产生了日益深厚的影响。互联网公司、IT厂商、通信厂商以及电信运营商等纷纷进入云计算市场，基于对客户需求的日益了解，产品不断推陈出新、日臻成熟。尤其随着移动互联网的兴起，以及智能手机的普及，人们经由移动终端获取云服务的需求越来越强烈，由此推动了各种云应用的繁荣。同时，互联网企业也纷纷加入手机行业，意图通过云手机加快云服务的落地。可以说，云计算开始离人们的生活越来越近，不再如云计算概念刚出现时那般让人"云里雾里"和"虚无缥缈"了。

云计算是信息技术发展和信息社会需求达到一定阶段的必然结果，它是一种基于互联网的、大众参与的计算模式，其计算资源（计算能力、存储能力、交互能力）是动态、可伸缩且被虚拟化的，并以服务的方式提供。目前业界普遍认同，云计算包括三个层次的服务（或称三种服务模式）：基础设施即服务（IaaS）、平台即服务（PaaS）和软件即服务（SaaS）。

基础设施即服务（IaaS 业务）

IaaS是指IT基础设施的交付和使用模式，经营者将网络上分布的服务器、存储器、网络软件等各种网络资源和互联网基础设施组织起来形成资源池，通过网络以按需、易扩展的方式为用户提供包括存储、计算、网络线路等服务，满足硬件和软件资源的高度共享和提供业务的便利性。对于用户来说，感受到的就是使用了一套硬件设备（虚拟机）。根据提供服务不同而搭建的虚拟资源池，就组成不同的云，如提供容灾功能的"存储云"、提供服务器计算空间的"计算云"、提供部署和运行软件的"软件云"。根据服务对象的不同，就分为"私有云"、"公有云"和"混合云"等。

平台即服务（PaaS 业务）

PaaS是指将软件研发和应用部署的平台作为一种服务，当前最典型的PaaS应用是把客户需要使用的开发语言和工具（如 Java、Python、.Net等）和应用程序都部署到供应商的云计算基础设施上去，客户不需要管理或控制底层的云基础设施，包括网络、服务器、操作系统、存储等，就能控制部署的应用程序，也可能控制运行应用程序的托管环境配置。PaaS模式是SaaS多租户模式的一种手段。

PaaS可以在自有的云数据中心的基础设施上部署，也可以在第三方云数据中心（IaaS）上部署。从当前的业务属性看，PaaS是软件商提供在线软件服务的一个渠道，表现出来的业务形态有可能是不同的，可能表现为互联网企业搭建的应用开发平台，供应用开发者开发游戏、应用插件并部署到该企业的社交网站、游戏等应用中。PaaS也可能表现为一个政府部门提供的面向行业和企业提供统一的信息处理方案，将城市的医疗服务中心、教育平台、交通运输平台、城市应急管理平台等信息统筹进行处理，解决一个城市不同行业和政府部门的IT资源的不均衡问题，也可以解决信息共享和处理。

软件即服务（SaaS 业务）

对用户来说，SaaS就是在线软件服务。SaaS是一种通过 Internet 提供软件的模式，用户不用再购买软件，而改用向提供商租用基于Web的软件，来管理企业经营活动，且无需对软件进行维护，服务提供商会全权管理和维护软件，一般来说，软件厂商在向客户提供软件应用的同时，也提供软件的离线操作和本地数据存储，让用户随时随地都可以使用其订购的软件和服务。通过SaaS方式提供的软件租赁服务，向客户收取的是软件租赁费（目前一般是月度租用费），是根据软件成本（例如应用软件许可证费、软件维护费以及技术支持费）进行核定的。对于传统的软件销售来说，SaaS解决方案给软件开发者和销售者带来优势，包括较低的前期成本、便于维护、快速展开使用等。提供SaaS 服务的企业自己架设基础设施（传统的服务提供方式），也可以租用PaaS平台（新型的云服务方式）。

云计算各核心技术特点与成熟度不尽相同。IaaS为用户提供按需付费的弹性基础设施服务，其核心技术包括服务器、存储、网络、桌面虚拟化以及运营管理平台等。PaaS通过开放的架构，为开发者提供端到端的一站式软件开发服务环境，其主要涉及PaaS OS、应用引擎、业务能力开放和PaaS运营等技术。SaaS是一种通过互联网提供软件的模式，核心技术主要包括多租户、元数据和Web2.0等。云计算的三个层次在技术上没有必然的联系，但从技术发展趋势和实践的角度看，这三个层次的关系将会越来越密切，在有些情况下未必有清晰的分界。

云计算作为一项跨越式的信息技术，云计算将改变服务的提供方式、服务的商业模式等，从而对信息产业链产生重大的影响，最后形成新的产业格局。

IDC是企业IT基础设施的核心，也是互联网网站发展的基本设施，具有鲜明的互联网基础设施特征。云计算技术能将网络上分布的计算、存储、服务构件、网络软件等各种网络资源和互联网基础设施统筹起来，基于资源虚拟化的方式，为用户提供通过互联网访问可定制的IT资源共享池能力的按使用量付费模式（IT资源包括网络、服务器、存储、应用、服务）。因此，云计算带来IDC业务提供模式的创新，改变了IT基础设施（硬件、平台、软件）的交付和使用模式，进而带动IDC的产业转型，推动建立更多的新型数据中心。

目前国际上大多数传统的电信企业、自建机房的IDC企业以及EDC（企业数据中心）都在进行或者计划对数据中心的升级。此外，部分有实力的互联网企业也开始采用新技术建设大规模的新型数据中心，除了满足自身业务发展需要外，也为第三方提供IaaS、PaaS等新型网络服务。各方新建的新型数据中心采用高性能基础架构，实现资源按需提供服务，并通过规模运营降低能耗，节省运营成本。

云计算被认为是一种革命性的计算方法，是继大型计算机到客户端-服务器的大转变之后的又一关于计算方式的重大转变。

举一个不那么恰当但比较好理解的例子。使用过QQ远程助手的朋友大概可以体验云计算，你在QQ提供的界面里面访问对方的电脑，使用对方的软件，云计算大概也可以看作这么种方式，不过对方的电脑变成了处理能力超强的云计算中心，而处理方式更加复杂一些。

这么做有什么好处呢？我们先来看看一个计算机领域的定律：摩尔定律。摩尔定律是由英特尔创始人之一戈登·摩尔（Gordon Moore）提出来的。其内容为：当价格不变时，集成电路上可容纳的元器件的数目，每隔18~24个月便会增加一倍，性能也将提升一倍。换言之，每一美元所能买到的电脑性能，将每隔18~24个月翻一倍以上。这一定律揭示了信息技术进步的速度。

简单说来，就是计算机性能越来越强。但摩尔定律并非能一直作用下去，我们知道现在电子计算机是以硅为基础的，由于硅材料天生的限制，现在电子计算机的运算能力已经接近某个极限点，再往后将变得十分困难。近年，英特尔攻克新芯片技术的时间越来越长，直到IBM宣布研制出7nm的芯片才勉强让摩尔定律继续生效，但这项技术目前也还只是实验室里的技术。

再往后，就是量子计算机，其运算能力将远远超越现在的电子计算机，这种曾经被认为只存在科幻小说里的技术也正逐渐从科学家们的实验室里诞生，并开始投入使用。但量子计算机想要做到跟现在PC

机一样,在很长一段时间里几乎没有太大希望。

然而我们能很直观地感受到,现在我们使用的计算机性能还需要进一步变强,包括手机在内越来越多的需要计算能力的设备眼巴巴地等着摩尔定律继续生效。而这个时候,云计算给我们带来了全新的解决思路。由于通信技术的不断发展,我们的计算不一定要在本地进行。

比如,我们前面举的远程操作的例子,哪怕你的电脑没有安装一个程序,你仍然能够获得这个程序的使用结果。再举一个简单的例子,我们平时收发邮件,这些邮件存储在我们的邮箱里,而不是在我们的电脑上,这其实可以视作早期的云服务。这种理念,简单概括起来就是"网络即电脑"。只要有网络,我们就能获得更高的运算能力。

目前云计算还处于基础阶段,现在的云计算被分为三层:基础设施即服务(IaaS)、平台即服务(PaaS)和软件即服务(SaaS)。基础设施可以看作是我们的电脑主机,其实质是大规模的主机集群。平台的地位大致相当于我们的计算机系统,类似于Windows,是开发和运行程序的基础。软件服务我们就明白多了,微信、游戏客户端、美图秀秀这样的都是软件。

云计算就是将这种运算方式进一步扩展。如果我们的电脑运算能力不能运行某个大型游戏,怎么办呢?好解决,借助云计算,只要能够接收解码视频文件,就能顺利解决了。事实上云游戏早已经实现,国外已经实现用网页玩"魔兽世界",用iPad玩英雄联盟,而国内也有针对手机的云游戏推出。不过这项技术并未引起市场的积极响应,一则是云游戏对网络的要求比较高,网络延迟造成的体验是画面静止不动而不是像端游那样能有一定的缓冲；二则是现在的很多主流游戏基本都是针对现在的主流配置电脑进行开发的，电脑带不动游戏的时候基本就该换新电脑了。

但这并不意味着云计算缺市场，现在的个人计算机能力还在继续增强，所以我们普通用户很难感受到摩尔定律逐步失效带来的影响。而目前的云计算也基本上很少在个人用户方面下大工夫，基本瞄准的都是商业应用领域。

借助云计算，企业的管理成本将降低。由于云计算的作用，一些企业不用浪费金钱和精力建立自己的数据处理中心，而将自己的一些数据和企业管理软件放在公共的云服务器上；而另一些企业对于数据的安全性和专业性等要求较高，自建云服务器，于是有了公有云、私有云的概念之别；有一些私有云并不能满足企业的运算需求，向公有云服务器寻求支持，于是就有了混合云的提法。

云计算中心能够根据实际需求来安排服务器的运算，让整个计算中心保持高效的运作，避免了运算资源的浪费。除此之外，云计算的好处在于按使用付费。这就是说，你可以按照实际需要的存储空间或者运算能力购买云服务。这是在云服务诞生之初的"电厂模式阶段"就提出的理念，即把计算能力当作像水、电这样的产品来出售。现在基本已经变成现实，而在未来，个人用户也将慢慢感受到这种全新方式给生活带来的改变。

讲了这么多云计算，云计算和物联网是怎么结合起来的呢？前面我们已经提到，我们的物联网设备只需要能够联网，云计算就能够通过网络为我们的设备提供数据处理能力。此外，大数据的运用对物联网来说十分重要，而云计算和大数据分析就像一枚硬币的两面密不可分。

比如我们前面提到智能家居系统，其一部分运算其实就是依托云服务器，因为我们家里面的数据处理中心（电脑或手机）没有必要一直保持开机状态。而更多的诸如交通系统、工厂制造系统、社区服务系统等都将依托于私有云或者公有云的服务。除了这些，我们前面提到云计算还是打通各种物联网标准的有效手段，两个采用不同技术标准的设备也具有了互相交换数据的可能。简单说来，就像你在网上和一个外国人聊天，哪怕你不懂他的语言，只要通过相应的翻译软件，就能够理解对方的意思了。

以上就是笔者对云服务的一些简单介绍，直到云服务真正走入每个人生活那一天，你也许会感叹世界翻天覆地的变化，因为那时候可能再也没有手机、笔记本、Pad这样的区分，最大的区别是屏幕的形态和大小。

第八章
物联网的未来

　　"万物互联"让所有连结更具关连性而且更有价值。然而真正创造出价值的并不是上网的移动,甚至也不是连结的数量,而是实现上网互连所产生的结果。

万物互联时代初露曙光

曾经,移动电话和短信的出现让人兴奋不已,在地铁或公交车里掏出彩屏手机玩游戏会被投以羡慕的眼光。虽然4G网络日益普及,但用流量看视频的仍是"土豪",而在5G时代,眼睛一闭一睁,一部超高清电影就已下载完毕……除了网速快之外,它还将赋予人类新的"魔力"——万物互联。

5G会改变什么?

我先来讲个故事:清晨醒来,卧室的灯和空调自动开启。小明来到卫生间,洗脸水已自动调至适中的温度,数码牙刷记录并上传小明牙齿以及口腔的实时数据;戴上眼镜,妻子带着孩子正在上学的路上,通过眼镜片上的虚拟现实显示,孩子向小明挥手说早安。小明吃过早餐,眨了几下眼睛,汽车带着小明自动行驶在马路上,小明在车上开启了视频会议……

这个场景描绘熟悉吗?1998~2002年的时候,通信圈这样描绘3G;2005~2012年的时候,通信圈这样描绘4G;今天,这个描绘传承给了5G。未来,还会有6G、7G、8G,估计到9G的时候,我有可能听不到了,因为无法确保能不能活到那时候。

这也是典型代表着通信技术逐步演进的过程，革命性的体验都是逐步实现和完善的。实质上，5G对移动互联网的颠覆也是逐步演进的过程，它还将催生出无数新应用、新模式、新产业。时速100公里的汽车，在5G网络条件下从发现障碍到启动制动系统需要移动的距离将缩短到2.8厘米。

所谓"万物互联"，就是将人、流程、数据和事物智能地结合在一起，使得网络连接变得更加相关，更有价值。一言以蔽之，"万物互联"指的是透过智能网络，将人（people）、流程（process）、资料（data）以及物件（thing）联系起来，在每个经济环节都能够发酵。

"万物互联"让所有连结更具关连性而且更有价值。然而真正创造出价值的并不是上网的移动，甚至也不是连结的数量，而是实现上网互连所产生的结果。估计在未来10年里，若将前所未连的事件互联的话，预计"万物互联"将可在全球创造出可观的潜在价值（Value at Stake）。这指的是企业透过"万物互联"所创造出来、或是根据企业及行业如何在发挥IoE的能力下，所体现出来的经济效益，当中包括节省行政及销售开支、促进员工生产力、改善供应链及物流效率、促进产品及服务的创新等等，所涉的潜在价值达到14.4兆美元。

例如医疗业，透过全面的连接，以智能居家监护系统，便可让医护人员为于家中休养的病人做远距检查。教育产业亦能从中受惠，透过无处不在的连接，学生可随时随地以任何设备登入网路，利用电子平台学习，提升学习兴趣及效率；老师亦可从中随时了解学生的学习进度，促进教与学的互动。另外，在"万物互联"下，当交通号志连接上网际网络，庞大的智能系统便会将之跟道路上的感应器、卫星、各类车辆、停车场等连接，令城市能实时管制交通及路面情况。

总结来说,"万物互联"的规模远大于思科或任何企业,因此各家企业与组织之间需要进行前所未有的合作。我们相信"万物互联"的成功与影响力将足以造福全人类。因此我们非常兴奋期盼未来的发展,美好的明天从这里开始。

科技先驱、3Com公司的创始人罗伯特·梅特卡夫认为,网络的价值与联网用户数的平方成正比。网络的力量大于部分之和,这使得万物互联令人难以置信地强大。

"万物互联"在提升消费者生活质量以及带来更丰富的体验、更多的新功能和更高的经济价值方面,具有出色潜力。

2013年年初,思科进行了有关"万物互联"的潜在经济影响的分析和发布,当时预计,在"万物互联"兴起的背景下,未来10年,全球私营企业将面对亟待挖掘的多达14.4万亿美元的潜在商机,"万物互联"有潜力在未来10年将全球企业利润总计提高约21%。

这么诱人的蛋糕从何而来?思科有什么依据?

思科互联网业务解决方案事业部经济与规划高级总监约瑟夫·布拉德利透露:"思科估计,99.4%的物理对象至今尚未连接到互联网。这意味着全球1.5万亿事物中仅有100亿已经连接到互联网。即便如此,我们也已毫无悬念地进入了物联网(IOT)时代。而未来10年,在人员、流程、数据及事物'万物互联'的影响下,互联网的下一轮显著增长即将到来。"

思科集团的CEO钱伯斯表示:"我相信,迅速把握'万物互联'优势的企业和行业将得到利润增长的更大份额的回报,这一回报将是以那些观望或不能有效应变的企业和行业的损失为代价的。这正是潜在商机'利益攸关'的原因——这是一场真正的争夺战。"

所以说，万物互联时代是最好的时代，也是美好的时代，将会有很多大家没想到的数据被创造出来，通过互联网汽车，我们可以知道路好不好、信号好不好、区域经济发展情况。万物互联不仅是物与物之间的连接，最终是把人、物、服务三张大网连接起来，以人为中心，让服务流动起来，创造更多的价值。YunOS将云端一体的系统能力，注入到各行各业的物联网芯片中，为万物互联提供了底层能力和基础设施。

从技术架构层面来看，万物互联的基础是所有的设备联网并且具有唯一的身份，于是YunOS发行了ID2(InternetDeviceID)，固化在芯片中，不可篡改、不可预测、全球唯一，以此来解决可信感知的问题。设备与设备之间通过新的安全通信协议进行发现和连接，形成自主网、自协作的可靠网络，并通过大数据服务平台进行服务的高效流转。

互联网不仅仅是人和人连起来，也不仅仅是手机之间的连接，而是互联网能够把今天我们所有能看到、能想到、能碰到的各种各样的设备，大到工厂里的这种发电机、车床，小到你家里的冰箱、插座、灯泡，到每个人身上带的这种戒指、耳环、手表、皮带所有的东西都可以连接起来。过去中国有一个和它相对的概念叫做物联网，但物联网这个概念我不是很喜欢，可能在过去几年里把它更多解释成一个叫做传感器网络，我觉得这个和IoT不太一样。第一，所有的设备，它都会内置一个智能的芯片和内置的智能操作系统，所以你可以看到说所有的东西，实际上都变成了一个手机，只不过它的外形不是手机，它可能没有手机的屏幕。举个最简单的例子，如果各位比较喜欢拉风，你开了一个智能汽车，在我看来您就是骑在一部有四个轮子的大手机上。

第二，所有的设备都通过3G、4G的网络，通过Wi-Fi、蓝牙等各种各样的协议都要和互联网、云端7×24小时相连，这里面就会产生真正大量的海量数据，所以说大数据时代其实刚刚开始。实质上，通信业每次技术升级无论从2G到3G还是到4G都没有摆脱降价的命运，而且每次都能下降20%。不妨回顾一下：2G靠2个制式（GSM、CDMA）结束了上万块的大哥大豪价，养活移动、宽带、寻呼机、固话四类公司六家运营商；3G靠三个制式结束了上百块的语音和短信高价，只能养活综合同质化的三家运营商；5G只能靠一个制式才能进入流量放心用的超低价，只能养活的了综合类两或一个通信运营商。一句话，通信将越来越"贱"！

过去我们用电脑的时候一天也就用几个小时，所以这里产生的数据量还是非常有限的，手机，除了我们睡觉的时候不用，基本上用手机已经比电脑的时间要长很多，而且手机里有各种各样的传感器，所以大家手机里的信息基本都被上传到云端。但我觉得这个数据还不够大，到IoT时代这个数据才真正足够大。比如说电脑，中国可能有心良苦亿台，电脑市场已经不增长了，手机中国人有15亿，有的人拿一部手机就足够了，而有的人会拿两到三部手机，这样算下来中国有20亿部手机，我觉得差不多是手机市场的一个数目了。但如果像IoT来讲，在你身上可能就有五、六部设备连接互联网，你回到家里，你家里所有的智能电器，你回家路上开的汽车，所有的东西都连上互联网以后，我估计未来5年内至少有100~200亿智能设备连接互联网，这个设备的数量会远超过今天我们人口的数目，会远远超过我们现在电脑和手机的数目。

这些智能设备其实在你睡觉的时候，它也无时不在工作，所以它基本上是7×24小时记录和产生数据，而且这些智能设备本地的存储能力一般都比较弱，因为它会装在各种各样的微小设备里，所以，大量的数据会被传到云端，你想像一下，比如说有人带了一个手环，这个手环现在不仅提供运动的监测，还能够提供很多参数的，可能您在睡觉的时候，它也不断产生数据，所以你把这两个因素一乘起来，你会发现这是真正的大数据时代。所以，到了大数据时代，我觉得还有一个可能的变化。

万物互联时代真正到来之际，就是传统商业全面洗牌之时！

5G对物联网的影响

5G是英文"第五代"的缩写。在移动通信领域，第一代是模拟技术；第二代实现了数字化语音通信；第三代是人们熟知的3G技术，以多媒体通信为特征；第四代是正在铺开的4G技术，其通信速率大大提高，标志着进入无线宽带时代。

5G技术目前尚无明确定义，但业界认为5G并不是单一或全新的无线接入技术，而是多种新型无线接入技术和现有无线技术优化集成后解决方案的总称。

5G的特征是传输速度更快，如现在用4G网络要数十分钟才能下载的一部高清视频，到5G时代可能只需数秒就能下载完，这将为建立"超联通社会"奠定基石。目前尚处雏形中的物联网、智能城市等概念将借助前所未有的高速无线传输技术变得触手可及，智能手机在大众日常生活中也将发挥更为重要的作用。

五G特征："无与伦比的快"、"人多也不怕"、"什么都能通信"、"最佳体验如影随形"、"超实时、超可靠"。以下是在用户体验方面的五个典型5G场景：

1.速度

5G将比4G快10到100倍，更快的速度也将提升网络的容量，可以容纳更多的用户在同一时间登录网络。

2.全景视频：移动端也能实现

不少人一定会对体育馆内的巨屏所吸引，但如果你能在游戏或者智能手机中获得同样的实时画面呢？你甚至可以切换镜头，即时重播，高分辨的4K视频会让你耳目一新。

3.自动驾驶汽车：1平方公里内可同时有100万个网络连接

我们目前使用的4G网络，端到端时延的极限是50毫秒左右，还很难实现远程实时控制，但如果在5G时代，端到端的时延只需要1毫秒，足以满足智能交通乃至无人驾驶的要求；现在的4G网络，并不支持这样海量的设备同时连接网络，它只支持数量不多的手机接入，而在5G时代，1平方公里内甚至可以同时有100万个网络连接，它们大多都是各种设备，获知道路环境，提供行车信息，分析实时数据、智能预测路况……通过它们，驾驶员可以不受天气影响地，真正360度无死角地了解自己与周边的车辆状况，遇到危险也可以提前预警，甚至实现无人驾驶。

4.互联网机器人：实时反馈医生指令

对医生而言，机器人在手术方面将大有可为。但是它们需要对医生发出的指令作出实时反馈。在执行复杂的命令时，正在工作的机器人更需要与医生实现无缝"沟通"。

5.虚拟现实：各种体感需要极速网络传输

当你戴上VR头盔后，你便进入了一个虚拟的世界，在这个世界，你可以与他人进行互动、游戏甚至击掌。有了5G，用户之间的相互协作将迎来新的时代，相同物理位置的两人将可以实现相互合作。各种体感功能需要极速网络传输，才能加强虚拟现实，网络天生就是管道。

还记得这个段子吗？去营业厅办卡，问营业员小姑娘："这4G有啥好的？"小姑娘答："大叔，2G可以看仓井空小说，3G可以看仓井空图片，4G可以看仓井空视频。"姑娘你尽说些大叔听不懂的，苍井空是谁啊？你还是快点给我办张4G卡吧！

这个段子实际上在3G时代就开始讲了，电信和联通的3G就可以看苍井空了，希望不要在5G时代还听到这样的段子，因为5G的快可不是看普通视频这么简单。

有一种观点认为，5G将会是全新技术。这个观点的代表者是华为无线网络产品线CMO杨超斌，在他看来，4G再怎么演变也不会变成5G，5G将会是一个全新技术。

5G不只是一次技术的更新，更是非常大的跳跃性发展、是一个变革，这也意味着网络架构必须提升，5G对网路的需求将与4G截然不同；虽然现在使用的4G LTE技术仍会不断演进，但4G再怎么演变也不会成为5G，5G将会是全新技术。

但大多数技术专家更倾向于以下观点：5G就是4G技术的必然演进——既要演进也要革命。

虽然任何一代技术发展，都不可能是上一代技术的重复，如果新一代的技术和上一代技术是一样的，那还算什么新一代，所以3G技术不同于2G，4G不同于3G，它的技术原理、解决问题的方式、部署的办法，实现的能力都不同，但是没有上一代技术的根基，或者说下一代没有对上一代的技术传承，实现革命性的升级也是空中楼阁。

明白了5G就是第五代移动通信技术的基本定义就明白是从3G、4G

升级而来，自然也是一种技术的积累和演进，也可以说没有3G、4G技术的发展就没有5G的产生。5G技术的演进一方面是技术积累的必然结果，当然也要求有革命性创新才能实现演进的目标，另一方面也是人类通信需求快速提高的必然要求。

反过来说，之前5G迟迟没普及，一是技术达不到，二是还没有应用的需求出现。现在有了需求，才有了5G。什么需求？未来的网络将会面对：1000倍的数据容量增长，10到100倍的无线设备连接，10到100倍的用户速率需求，10倍长的电池续航时间需求等等。坦白地讲，可能未来五六年4G网络或许将无法满足这些需求，所以5G就必须提前登场。

还可以这么简单理解5G的体验变化，3G、4G干的都是人事（连接人）不是质变，5G干的不是人事（连接物）才是质变：第一代移动通信，我国1987年部署，比世界主流晚了8年。2G，1995年我国开始建设2G网络，较欧洲晚了4年。2009年，中国第一个3G网络开通，比世界上第一个3G网络开通晚了8年。2013年中国4G牌照发放，比全球第一个4G网络晚了约3年。在4G网络下，云端系统无法传输紧急指示让无人驾驶汽车穿过交通流；4G也达不到在远程会议中提供即时语言翻译的速度，更不必提在救死扶伤的手术之中遥控指挥手术刀——要知道，许多即时无线应用的最大延迟期不得超过1毫秒。相信5G，中国的网络部署将会和全球同步，甚至是最先部署的国家。要知道当前，5G已经成为各国都在加紧抢占的一块科技高地。在中国的十三五年规划纲要中，已明确要加快信息网络新技术开发应用，积极推进第五代移动通信（5G）和超宽带关键技术研究，启动5G商用。

关于5G的推进在国家发牌节奏上也明显加速：2G火了15年；3G火

了6年，也凑合了：2009年中国发放3G牌照，中国移动2013年12月4日获得TD-LTE牌照率先进入4G时代，2015年2月27日，时隔一年多后，工信部公告向中国联通和中国电信颁发FDD LTE模式4G商用牌照，也就是说国家留给4G的时间最长5年而已。

回顾这个过程，其实中国在2015年这个时点上发放FDD牌照实际上也是提前为未来5年做的布局，那时国家意识到，如果一味地给中国移动4G保护期，中国将丧失2020年5G的布局，因此通过发放FDD牌照提前将TDD和FDD向5G的演进的限制通道打开，摆脱受制于人的尴尬。只有这样，基于TDD和FDD技术完全演进基础上的5G才会利于中国运营商在未来5G的布局的选择将更加游刃有余，立于不败之地。

5G在中国，已经不再是一个未来时的概念，它已经成为一个进行时的现实。

我国的5G规划步骤如下：2016年启动5G的标准研究，预计在2018年第一个版本的标准将完成，然后根据产品的成熟度，在2020年左右确定商业应用的起步时间。

用户最关心的还是资费，5G的到来，是否会加大运营商、设备商的投入成本，进一步提高网络资费呢？真正5G到来的时候，它不仅仅是价格下降的问题。实际上，你可能花同样的钱能够得到以前十倍以上的服务。比如说你（花同样的钱，以前）只能打100分钟的电话，那么到5G系统，你可能就能打1000分钟的电话了。

5G不是横空出世的令人惊异的新技术，5G技术是现有技术的新组合，是4G技术的再演进。

为什么要强调"再"？因为4G LTE的后三个字母就是长期演进的意思，5G应是在4G基础上的再演进。关于技术演进的观点，科学松鼠会会员通信专业教师奥卡姆剃刀有个通俗的双驼峰理论,能很清晰解释5G仅仅是一种技术演进的观点。

奥卡姆剃刀认为,一项新技术概念出现后,在业界会出现一个研究讨论的高潮,这是第一个驼峰。

相关的学术论文会成为热点,成堆的博士硕士依托这项新技术完成了毕业论文,虽然很热闹,但这仅仅局限在学术研讨层面上,而在具体的技术实现方面还存在着很多问题,或者因成本原因而根本无法量产。

研究讨论高潮逐渐降温,这是第一个驼峰的下落期,接下来是低调务实的技术攻关,这个平台期可能几年也可能一二十年,当技术问题都解决后,就会迎来商家量产和投入市场的热潮,这就是第二个驼峰。

新型的5G"多址技术"可以将移动网络接入数量提高近百倍。目前我们的4G仅可以连接手机等少量设备,而5G网络除了手机以外,还可以连接近百件设备,大到一辆车,小到一根针。在5G物联网内,人们就有了"千里眼"和"顺风耳",通过掌握物品的状态、情况和数据,从而更好地管理和操控它们。比如,小明出差忘带了一个文件,可以立刻通过网络控制家庭监控设备找到文件,操控智能机器人扫描并传输给他,"隔空取物"轻松又便捷。

按照国际电信联盟关于2020年的规划,3年后就要全面进入5G了,而到现在核心技术体系还没有确立。回顾3G技术发展史,国际电信联盟于1998年6月30日接收了3G技术提案,并迎来了第一个驼峰期,直到2009年1月7日,工业和信息化部正式发放了三张3G牌照,这才进入到第二个驼峰,平台期持续了11年,特别是三张牌照之一的TD-

SCDMA，直到2013年才真正成熟，平台期长达15年，可刚成熟4G时代就来临了。按照"双驼峰规律"，5年后将在全球推广使用的技术，应在2010年左右就迎来第一个驼峰，而不会在2020前的两三年横空出世，然后迅速被国际电信联盟确定为全球的5G标准，这违反了一般的技术发展规律，不太可能成真。

实质上，在5G研究上大部分研发机构选择的道路也是如此，两条腿走路。

5G研发中提出两条腿走路：一方面继续推动基于4G技术的演进，一方面研发5G新技术，两者兼顾。

在5G时代的千倍提速要求面前，通过4G技术的演进，只有通过大幅度的加大带宽才有可能。加大带宽是起点，由此而产生的毫米波、微基站、高阶MIMO、波束赋型等都是顺理成章的技术趋势。5G时代对大规模天线阵列、毫米波技术、新型网络架构、新型空口设计的关键技术核心也大都是基于4G网络技术延伸而来，大都能成倍提升性能。以软空口技术为例，这个技术结合Pre5G的硬件处理能力，让运营商具有了从4G到5G的平滑升级能力，4G到Pre5G这个阶段，终端不用更换，而从Pre5G到5G，基站设备也可以继续使用。

基于技术演进的判断，回顾我国通过3G和4G时代的艰苦奋斗，我们有理由相信我国的产业和技术的提升也为5G布局打下坚实的基础，我国从以往被动接受技术变为开始输出技术，会有机会发展成为全球5G技术、标准、产业和应用服务的领先国家之一，从跟随到引领，中国通信业有机会在5G时代学习中国高铁实现弯道超车。三大运营商、华为、大唐、中兴等中国企业对5G研发的投入由来已久，并走在世界前列。

物联网的前瞻性视角

物联网是新一代信息技术的重要组成部分,物联网就是物物相连的互联网。这有两层意思:其一,物联网的核心和基础仍然是互联网,是在互联网基础上的延伸和扩展的网络;其二,其用户端延伸和扩展到了任何物品与物品之间,进行信息交换和通信。

根据前瞻产业研究院发布的《2014-2018年中国物联网行业应用领域市场需求与投资预测分析报告 前瞻》分析:2009~2012年,中国物联网产业以29.7%年均复合增长率高速发展。事实上,2012年已达到3650亿元的市场规模,其发展速度已远超中国7.8%的GDP增长水平。

2013~2020年是物联网产业的发展机遇期,从国内需求来看,中国物联网产业下游需求领域也将得到不同程度的受益。随着物联网和联网设备成为我们生活的一部分,不可思议的未来正在形成。根据美国交通部统计,现在人为失误导致了70%~80%的车辆相撞事故。世界卫生组织报告显示,每年有124万人死于道路交通事故。自驾驶车辆基本上可以避免伤亡。在同步交通信号和自动路径选择系统构成的巨大网络中运行的无人驾驶汽车,也会带来因更有效地操作车辆及更好地维护基础设施而出现的成本节约。

第八章 物联网的未来

有句古老的谚语说，"将一件东西保存七年，你总会找到它的用处"。比起人的联网，现在离人们将更多的物品联网也大约过去了七年，而我们也发现了这些物品的许多用处。

如今物联网已经切实融入我们的生活，也许2017年将会是物联网从华丽展示的舞台落入日常的实际应用的转型之年——包括物联网的发展、政策和标准等所有相关事宜。

在医疗卫生和健康领域，物联网将为医疗保健和远程医疗带来革命性的变化。未来将会实现全天候的医疗监控并利用3D打印生产医疗设备和替代器官。植入人体的微型设备将在需要的准确位置按照所需的准确剂量释放药物，这不仅降低了副作用还提高了药效。这些系统连同越来越精密的健身手环及饮食睡眠监控器一起，将使个人以更切实的方式追踪自己的卫生健康情况。美国疾病控制中心预计，2型糖尿病到2050年将影响到1/3的美国人。今天，美国有1/4的人死于心脏疾病，但大部分的这种死亡事件完全可以通过更好的饮食和锻炼进行预防。

在产业领域，过去，由于拥有大量硅谷资源和成功项目的解决，TMT传统是美元基金的天下。而从2013年开始，中国国情开始发生变化，仅靠海外的投资经验与背景不足以掌控中国市场快速的变化，甚至在某些移动互联网领域，中国跑在美国前面，比如O2O行业。

当前人民币基金的优势开始起步，而这也是产业互联网的机会，其主要原因有两方面，一是从市场容量来讲，中国是最大的单边市场，创新多元化且层出较为丰富；二是中国的传统行业存在有大量的价值低洼，尽管目前缺失的是技术的不足、信息的不对称，但人民币基金对中国市场有足够的熟悉与理解，值得进一步挖掘。

过去互联网投资热潮主要得益于PC技术的应用普及以及由智能手机高市场渗透率带来的移动互联网的腾飞。如今较容易被改变的短供应链、标准化服务等，大部分机会窗已被占据，但同时还有大量处于长供应链的行业，等待完整产业链的变革目前智慧城市、物联网等产业互联网的领域都还停留在口头或较浅层面，壁垒相对较高，较难撬动，却存在大量机会等待着临界点的来临。

我国的产业互联网存在的大量价值低洼，目前要依赖新技术的颠覆和驱动，其主要有三个技术方向，包括智能化、大数据、人工智能。我们正处于逼近临界点的阶段，接下来的契机将主要来源于技术突破，同时还要兼顾各产业本身的技术基础与底层建设基础。

从资本推动产业发展的角度看，产业互联要遵循"信息化、网络化、智能化"三个阶段层次进行发展。首先，需要缩短企业在信息化过程中的进化过程，包括自身信息化能力提升以及第三方信息化服务商的崛起；其次从产业全链条的角度，移动互联网集中打通了营销端、客户获取端，下一步需要考虑生产端、采购端、供应链端如何打通、如何由市场端向上游供应链整合并逐层提效、如何实现精准化与柔型管理等等问题。最终各环节产生平台化连接，才能形成产业互联网的整个架构。

目前产业互联网领域最大的痛点是数据不联通，因此产业很难享受到互联的最大红利。从投资方向来看，主要关注产业中在数据感知层、数据分析层的项目，这是底层建设的部分，也是企业能够实现信息化到网络化的必经路径。今后10~20年，我们看好产业互联网，好的项目需要集中在单点技术的突破上，来驱动上下游的延伸与颠覆。

在可穿戴设备方面。可穿戴设备即直接穿在身上，或是整合到用户的衣服或配饰中的一种便携式设备。相比智能手机，这是能进一步"偷走"用户时间的神兵利器。谷歌、Facebook、微软和三星等企业都在角逐这个巨大的新兴市场。

2012年4月发布的谷歌眼镜是谷歌公司初期比较成功的可穿戴设备，它是一款"拓展现实"的眼镜，具有和智能手机一样的功能，可以通过声音控制拍照、视频通话和辨明方向，以及上网冲浪、处理文字信息和电子邮件等。

谷歌眼镜的技术进步野心是无止境的。

2013年11月，谷歌眼镜发布一系列新功能，包括搜索歌曲、扫描已保存播放列表以及收听高保真音乐等。

美国南加州大学在2014年8月开设了一门使用谷歌眼镜的课程"Glass Journalism"，学生均被要求佩戴谷歌眼镜上课，作为课程内容的一部分，学生将有机会同应用专家和媒体机构携手开发同新闻编辑、采访行业相关的全新谷歌眼镜应用。课程开设者之一的罗伯特·赫尔南德兹教授曾说："我们的课程并非基于假设或者未来的抽象概念而建立的，我们并没有在高谈阔论新闻编辑行业的未来，而是在重塑这一行业。"

硅谷精英们不会容忍谷歌一统江湖。

2014年3月26日，Facebook突然宣布，将以20亿美元收购虚拟现实头盔Oculus Rift的制作厂商Oculus VR。

Oculus Rift虚拟现实设备可以佩戴在头部，作为显示器和控制器来使用。与Oculus Rift相连的PC或安卓设备将进行数据处理，创造一个三维的虚拟现实环境，而用户的头部运动可以触发在虚拟世界中的运动。其第一代产品价格为300美元，发货量达到7.5万台。

Facebook计划将Oculus在游戏领域中的现有优势扩大至新的垂直领域，如通信、媒体和娱乐、教育及其他领域等。Facebook认为虚拟现实技术有机会成为下一代社交和通信平台。

Facebook创始人马克·扎克伯格表示："移动（互联网）是当前的平台。目前，我们也开始为属于明天的平台做准备。Oculus有机会开发有史以来最具社交性的平台，改变我们工作、游戏和通信的方式。"

在同月举办的旧金山游戏开发者大会上，索尼发布了虚拟现实头戴设备项目Project Morpheus，这将成为Oculus头盔的竞争对手。索尼也认为，虚拟现实技术的未来并不仅仅局限于游戏，未来这一技术可以被用于预订酒店等功能。

从硅谷到北京，每天都有没人听说过的可穿戴设备创业公司冒出来。众多的大中小企业迟早能发明可穿戴设备领域里的"iPhone""iPad"，它们的普及必将进一步推动传统商业的互联网化。

从某种意义上来说，手机其实就是可穿戴式设备的一种初级阶段。手机随身的程度，已经不亚于任何一种戴在头上、套在手腕上的设备，它只是放在口袋里而已。可穿戴式设备是手机的未来，手机是可穿戴式设备的现在。

所以说，物联网不仅可以定位物品并利用它们感知周围环境或者完成自动化任务，它也是一种监控、测量和理解世界永恒运动及人类活动的方式，窥探物体之间、人与人之间和其他事物之间的空间的能力具有与理解事物本身一样深刻的意义。物联网生成的数据将提供关于物理关系、人类行为甚至地球和宇宙物理学方面的真知灼见。对机械、人和环境的实时监控将会建立起一种对变化的情况和关系做出反应的模型——以更快、更好和更智能的方式。麦肯锡全球研究院预计，到2018年物联网带来的经济影响将达到每年约40万亿美元。

许多研究人员及少数企业现在正在将互联世界的概念提升到一个全新的高度，这些概念听起来像是科幻小说中才有的内容。例如，美国《Slate》杂志上刊载的一篇标题为"谷歌的天空之眼"（Google's Eyes in the Sky）的文章认为谷歌公司对无人机、卫星和气球领域的涉及至少部分目的是建立可以标识和追踪物理世界的机制，与谷歌现在构建虚拟世界的方式差不多。天空中和分布在地球周围的摄像机和各种传感器，为数据打开了一个令人惊奇的新窗口。突然之间，就可以实时观察飞机、列车、汽车和行人如何移动，也能够以一种远远优于现在的系统的方式理解规律和关系。这篇文章指出，在未来某个时刻，有可能实现每天估算一个国家国内生产总值的变化。

总之，在所有的可能性之中，一个事实尤其引人注目：物联网将为发展中国家和发达国家都带来革命性的变化，并发起一波商用和消费用应用的海啸——从更加智能的公用电网和智能车辆到完全不同的卫生保健和制造系统。它将改变我们对世界的看法，并带来自动化及我们与周边世界进行互动的全新方式。在此过程中，我们的生活将发生天翻地覆的变化。虽然其中许多功能可能看起来是未来才会有的甚至令人难以置信，但是在未来的25年里将会出现的确令人极为惊讶的变化。

附录：万物互联时代到来 安全挑战前所未有

在北京国家会议中心召开的中国互联网安全大会上，360公司董事长兼CEO周鸿祎发表演讲表示，万物互联的时代正在到来，任何设备都将接入互联网，由此带来的安全挑战前所未有。

"所有的设备都会内置一个智能的芯片和内置的智能操作系统，所以你可以看到说所有的东西，实际上都变成了一个手机，只不过它的外形不是手机，它可能没有手机的屏幕。"周鸿祎在演讲中表示，你坐了一个智能汽车，其实就是骑在一部有四个轮子的大手机上。

周鸿祎表示，互联网不仅仅是人和人连起来，也不仅仅是手机之间的连接，而是互联网能够把今天我们所有能看到、能想到、能碰到的各种各样的设备，大到工厂里发电机、车床，小到家里的冰箱、插座、灯泡，到每个人身上带的这种戒指、耳环、手表、皮带所有的东西都可以连接起来。

"所有的设备都变成智能化，都接入网络以后，边界的概念将会进一步被削弱，也就是说接入点越多，可以被攻破的这种可能的入口就会越多。"他进一步解释说，"过去我们很奉行隔离、切断，我们可以把电脑放在一个屋子里，把网络进行隔离，但今天越来越多的不起眼设备都支持Wi-Fi和蓝牙，这里面有太多可以被别人攻击的点，而且攻击点越多，从防守来说我们的挑战就越大。"

以下为演讲部分内容：

很多人问我互联网思维是什么？如果用一个字总结是什么？我想了想是在过去的20年里互联网最大的力量就是实现了网聚人的力量，互联网把我们很多人连接起来。

在互联网第一代的时候是PC互联网，我们每个人的电脑连接起来，这时候安全问题还OK，当时的防病毒和查杀流氓软件，或者我们很多边界和防火墙的防御，但到了互联网的新阶段，我们每个人都用手机了，今天手机已经变成我们每个人手上的一个器官，我们每个人有一种新的病，几分钟不看手机觉得心里很失落，手机变成了一个新的连接点。手机打破了我们原来对边界的定义，手机更多和我们的个人隐私信息联结在一起，所以，安全的问题变得更加严重。

下面有一个好消息，也是一个坏消息，手机互联网之后，下一个五到十年我们的互联网将会往何处去？其实我觉得一个最重要的时代可能要开始那就是IoT——万物互联。互联网不仅仅是人和人连起来，也不仅仅是手机之间的连接，而是互联网能够把今天我们所有能看到、能想到、能碰到的各种各样的设备，大到工厂里的这种发电机、车床，小到你家里的冰箱、插座、灯泡，到每个人身上带的这种戒指、耳环、手表、皮带所有的东西都可以连接起来。过去中国有一个和它相对的概念叫做物联网，但物联网这个概念我不是很喜欢，可能在过去几年里把它更多解释成一个叫做传感器网络，我觉得这个和IoT不太一样。第一，所有的设备，它都会内置一个智能的芯片和内置的智能操作系统，所以你可以看到说所有的东西，实际上都变成了一个手机，只不过它的外形不是手机，它可能没有手机的屏幕。举个最简单的例子，如果各位比较喜欢拉风，你开了一个智能汽车，在我看来您就是骑在一部有四个轮子的大手机上。

第二，所有的设备都通过3G、4G的网络，通过Wi-Fi、蓝牙等各种各样的协议都要和互联网、云端7×24小时相连，这里面就会产生真正大量的海量数据，所以我说大数据时代其实刚刚开始。过去我们用电脑的时候一天也就用几个小时，所以这里产生的数据量还是非常有限的，手机，除了我们睡觉的时候不用，基本上手机已经比电脑时间要长很多，而且手机里有各种各样的传感器，所以大家手机里的信息基本都被上传到云端。但我觉得这个数据还不够大，到IoT时代这个数据才真正足够大。比如说电脑，中国可能有五亿台，电脑市场已经不增长了，手机中国人有15亿，好人拿一部手机就足够了，别有用心的人会拿两到三部手机，这样算下来中国有20亿部手机，我觉得差不多是手机市场的一个数目了。但如果像IoT来讲，在你身上可能就有五、六部设备连接互联网，你回到家里，你家里所有的智能电器，你回家路上开的汽车，所有的东西都连上互联网以后，我估计未来五年内至少有100~200亿智能设备连接互联网，这个设备的数量会远超过今天我们人口的数目，会远远超过我们现在电脑和手机的数目。

这些智能设备其实在你睡觉的时候，它也无时不在工作，所以它基本上是7×24小时记录和产生数据，而且这些智能设备本地的存储能力一般都比较弱，因为它会装在各种各样的微小设备里，所以，大量的数据亏被传到云端，你想像一下，比如说有人带了一个手环，这个手环现在不仅提供运动的监测，还能够提供很多参数的，可能您在睡觉的时候，它也不断产生数据，所以你把这两个因素一乘起来，你会发现这是真正的大数据时代。所以，到了大数据时代，我觉得还有一个可能的变化。

最近美国除了IoT很热，还有一个概念很热，就是机器人。其实我理解机器人的背后是机器的人工智能和机器的意识，但传统的机器人工智能的方法，我们教电脑下棋和做电脑翻译，从上世纪50年代这些问题好像一直在解决中，但从来没有找到真正革命性的解决方法。但最近一年大家可能感觉到了，一些机器学习和智能算法的出现，包括让我们在图像识别，在机器翻译方面都取得了进展，其实它的本质不是说什么算法特别神，而是说这个算法背后实际上是利用了大数据。有了海量数据，再跟这些算法的结合，它可能产生真正的人工智能，所以，IoT的第三点很重要的一个概念，将来在云端可能会出现利用大数据之后产生机器的这种智能或者我们所谓叫做云脑和机器大脑，让它再反过来对各种设备进行反向控制，所以，这听起来可能既是一个好消息，可能对安全也会是一个挑战。

对IoT来讲，我先讲讲好消息，我觉得这是一个巨大的机会，不仅是对于互联网公司来说，你可以利用IoT技术把原来很多线上的设计延展到线下。举个例子，过去360做你的电脑卫士，现在我们做你的手机卫士，但现在我们要做路由器，为什么呢？我们要做你的家庭卫士，因为你的家居如果未来被人攻占了，你的家庭局域网出现了问题，可能问题就比较大。再比如我们利用IoT技术，我们马上会重新发售儿童手表，给每个儿童戴上一个手表，父母可以随时定位知道它的位置，根据环境我们可以知道小孩所处的情况，可以迅速把他的位置和情况通知给父母，这就是利用IoT技术可以让我们从过去只是做线上的安全，我们走到线下也变成可以解决你人生的安全和家居的安全。

但IoT更大的机会，我觉得是对中国传统产业特别是传统制造业的一个机会，用一句俗话说叫做重新发明轮子的时代到了，因为很多东西已经走到尽头了，你再怎么发明不可能把轮子从圆的变成方的，但利用IoT的技术你可以把轮胎也变成智能的。其实马航370事件，原来一个飞机处在实时监控中，GE五公司过去是卖发动机，现在他们通过IoT不仅仅卖发动机，而且还可以告诉航空公司什么时候该维修，什么时候该换零件了，所以，他们把一个卖东西的生意变成了长期服务的生意。所以，很多IoT的技术，我们很多传统企业就不仅仅是说利用互联网来获取信息、发布信息和卖我们的东西，它可以利用IoT的技术，可以让自己的产品每个都变成具有互联网体验的产品，它可以让商业模式变成从一次性买卖的模式变成提供互联网服务的模式。所以，某种角度意味着IoT可以帮助很多企业转型升级，最后所有的企业都会变成互联网企业。

IoT的好处我不多渲染了，我想提出六个问题，请我们所有安全的从业人员来思考，这在安全上对我们意味着什么样的挑战。顺道说一下，今天我相信来的有很多人可能并不一定都是互联网行业的人，可能有很多是CIO，其实我倒是觉得未来安全的挑战越大，包括IoT和互联网思维的发展，可能会让传统行业的CIO的角色变得越来越重要。因为过去你只是一个Information，你只是一个IT的支持，你是为了你的公司的核心业务提供帮助，但未来当IoT技术会变成主导，当互联网思维变成主导之后，你会发现，因为你在单位里对互联网技术的了解，对互联网产业的了解，你可能会从一个支持的角色变成一个主导的角色，随着安全的挑战进一步加大，相信我们很多单位的这种首席信息官或者首席技术官也会变成首席安全官,所以,我觉得这都是给我们带来巨大的机遇。

但是安全的挑战,我觉得有这么几个问题。

第一,当所有的设备都变成智能化,都接入网络以后,边界的概念将会进一步被削弱,也就是说接入点越多,可以被攻破的这种可能的入口就会越多。过去,我们很奉行什么隔离,什么切断,我们可以把电脑放在一个屋子里,我们可以把一个网络进行隔离,但今天你会发现越来越多的可能不起眼的设备都支持Wi-Fi和蓝牙,这里面有太多可以被别人攻击的点,而且攻击点越多,从防守来说我们的挑战就越大。

第二,过去我们很多企业可能不太重视企业的安全。我们很多时候买防火墙是为了合规,是上级要求和行业要求。过去我们企业的发展,可能把自己割裂在一个安全的孤岛上,但你要变成互联网企业之后,你不可避免要把自己的核心业务系统接入到互联网上。

举个例子,过去你办银行业务就要到银行的网点和后台服务主机,它可以把他所有的环节都进行保护。但今天所有的银行都要提供网上银行、网上支付和互联网金融的业务,那么它就不可能避免的。你会发现当所有的企业都变成互联网企业之后,你的企业安全一定要提高到一个更重要的优先级上,也就是说当你的服务器或你的网络被攻破之后,可能不意味着仅仅是你内部数据的泄露,可能意味着用户数据的灾难。再比如美国一家零售业遭受供给有五千万用户的资料丢失,中国有一个企业也发生过用户信用卡密码出现的丢失,这对很多企业来说意味着你在安全上的防护级别和对抗能力要前所未有的提高。

第三，大数据污染，就是大数据中如果被人为地加入了这种不好的数据，人为操作和注入修改虚假信息，在数据传输存储过程中出现了问题，你根据大数据做一些行业的指导和趋势的分析，可能会出问题。

但我认为还是有三个最重要的问题。第一个是这种智能设备IoT被控制之后的这种灾难或者危害会比电脑手机大。因为过去大家记得吗，你的电脑中毒了，有问题了，大家最多觉得说今天给老板交的报告写不出来了，所以我电脑中毒了经常成为工作完不成的一个借口。手机出问题了呢，无非你们看到最近多了很多艳照，不小心照片上传了，当然今天手机和支付系统连在一起，可能当你的通信录被盗用了，就会收到一些诈骗短信。包括前面讲到的那个木马之所以会得逞，就是因为它盗用了你的通信录的地址本，熟人发来的短信，大家都会连接。但IoT是可被控制的，不是一个单纯的网络，这个被控制了带来的风险就大了。

前段时间中国人开始崇拜美国钢铁侠，他造了一部汽车叫做特斯拉，他上次来中国的时候，我有幸和他一起吃了晚餐。我问了一个他很恼怒的问题，我说你的汽车会被人骇客吗？他说不会，我们所有的应用都是自己写的，我们不会安装任何第三方应用，所以不会有任何问题。我就提了两个问题，第一个你的汽车是有Wi-Fi和蓝牙，我可能骇客不了你的汽车，但你用手机接入的话，我可以骇客你的手机，我一样可以通过手机骇客这个汽车。自然你是一个智能汽车它就像一个大手机一样，一定要和云端通信，所以如果有人下发了你的通信协议或者破解了你的云端的网络，我一样可以控制你的汽车。我们后来在全国征得了很多有识之士，有人成功破解了对特斯拉的协议，成功实现了对汽车的控制。所以，中国汽车厂要生产智能汽车，我给他们说最重要的不是边开汽车边看互联网影视，最重要的是老百姓敢不敢开你的车，如果半路上突然死机了，突然栏屏了，突然弹出一个大窗口说你必须下载一个什么玩意儿，这样的汽车不会有人开的，一旦出现问题就会非常的严重。

所以，这是我讲的在IoT时代一旦网络被人控制不可设想。我是一个电影迷，我家里有很多好莱坞电影，很多都是网上下的，我记得布鲁斯威利斯在虎胆龙威里说的，说恐怖分子控制了美国的电厂，控制了大坝，控制了交通信号灯，当时我看的时候觉得匪夷所思，他们怎么这么傻，这都是专用系统干吗要接入互联网呢？但到了IoT时代，你发现所有的设备都希望可以远端控制和智能采集数据，这些东西都可以接入互联网。举个小例子，当一个IT发烧友把你们家的灯泡、电视都换成智能的，又装了一个摄像头，变成智能摄像头，如果你们家路由器被人骇客了，我就可以把你家的灯都关到，还可以装上一个摄像机，这何止艳照啊，三级片都出来了。

有很多问题我没有答案，我只是在安全大会上提出来，我觉得这要靠我们大家共同努力去意识到这些挑战，同时我们来寻找解决的方法。

还有两个问题，一个是大数据带来的用户隐私问题。最近美国机器人很热，坦率说我觉得也是代表了一个趋势，当大数据产生了人工智能之后很有可能人类技术发展会到达一个新的基点，当能够控制很多设备的时候，我觉得有两种可能，一种是我们的家庭生活会变得更加幸福，一种是骇客帝国的时代会来临。

比如说你以后设想看到的机器人和智能汽车，我有一个断言，它未必是由这个设备里的智能系统单独做智能判断,它一定是和云端一个更大的智能系统相联,比如在你真正的智能驾驶,你何止需要这一部汽车的数据才能做判断,你可能需要路边很多传感器和很多其他汽车发来信息,你需要在云端进行高速的分析,再反馈过去。所以,将来有一天可能不仅仅是这台车上的电脑在指挥,很有可能是云端的一个东西在指挥,所以你看到各种各样无论是专用机器人还是通用机器人,我相信在几年以后也会越来越普及,它都会和互联网相联,这样当真正云端安全出现问题以后,这些自动驾驶汽车,包括有些人觉得说变形金刚这个电影完全是瞎扯,我不这么看,比如现在很多人在研究无人机,亚马逊用无人机送货,无人机加上智能传感器的判断,无人机就是飞机人,所以,机器智能带来的转换是我们下一个五到十年所谓做网络安全的人需要考虑的问题。

最重要的一个挑战是用户隐私的挑战,在这样一个IoT和大数据的时代,我们每个人的数据,实际上只要你用网络服务就会被传到云端,就会被储存到各个提供互联网的,不一定是互联网公司,可能是所有的公司都有它的云端数据的收集,每个人会变得更加透明。这时候我觉得法律和规则的制定是落后的,有很多问题是不清楚的,怎样在这种情况下更好地去保护我们个人的隐私,我可以举两个例子,比如对很多公司来讲,大数据时代是他们梦寐以求的最好的黄金时期,过去做广告都不知道你是谁,不知道你喜欢什么,当然所有的广告效果都很难评估,但今天有了大数据,可以7×24小时的不断的采集,这些在云端,当这些数据看起来是碎片,再把它汇总起来,你会发现说可能我们每个人就变成了透明人,我们每个人在干什么,在想什么,可能这时候云端全部都知道,在这种情况下,除非你不用任何先进的设备，除非你不用网络，除非你不用手机，否则的话你怎样解决在这种情况下对个人隐私数据的保护。

比如我们推出了儿童手环，我们第一版做得不是很完美，后来我要求改版，要求他们一定要做到表袋足够短，一定成年人戴不上，因为很多妈妈听说这个消息以后，他们觉得非常兴奋，觉得终于有了保护自己家庭的利器了，他们买了两个，一个给孩子戴，一个给老公戴。所以，在大数据时代，个人隐私的这种挑战空前大。

包括美国有一家公司，他说你只要给他的试管吐一口吐沫，就可以免费测出你的基因组。我相信未来测基因一定会成本很低，如果有这样一家免费测基因的公司，他就拿到了大家最隐私的数据，过了二十年以后，他就上门来找你了，说从你的基因看，你就会得老年痴呆症，所以我们给你卖药，他掌握了你很多的最隐私的信息，所有的商业模式就会建立起来，这对公司是一个黄金时代，但对我们个人来说可能每个人都会觉得自己很脆弱。所以我提出了一个新的想法，在大数据时代，我提出了如何保护用户隐私的三原则。

第一，虽然这些信息储存在不同的服务器上，但你们觉得这些数据的拥有权究竟属于这些公司还是属于用户自己？我的答案是这些数据应该是用户的资产，这是必须明确的，我希望将来在打很多官司的时候会出来，关于财产所有权一样，以后这种个人隐私数据也会有一个所有权，我希望我们的立法专家能够考虑这个所有权应该属于用户所有，这是第一个原则。

就像当年我很爱看科幻小说，有一个小说家叫阿西诺夫，他提出机器人三原则，他幻想未来机器人遍地跑的时候，机器人如何不伤害人类和破坏人类的文明。到IoT时代也需要一个类似的三原则，使得用户数据都在云端的时候，这些公司能够遵循一些更好的原则，给用户提供更好隐私的保护，所以，第一个是个人信息是用户的资产，它只是暂时托管和存放在各个公司的服务器上。

第二，不仅是今天的互联网公司，更不仅仅是今天的网络安全公司，甚至包括很多要进入互联网要利用IoT技术，要给用户提供这些信息服务的公司来讲，你要有相应的安全能力，你要把你收集到的用户数据进行安全存储和安全的传输，这是企业的责任和义务，如果你这个企业没有足够的安全能力，你收集了用户的信用卡资料，比如你是一个网店卖东西的，你拿到了用户的帐号，你这些信息的丢失，都会给整个社会带来很灾难的结果。举个例子，一家网站被拖库，所有的用户口令都要改，因为用户在很多网站上都用一个用户名和一个口令。所以我也讲，可能未来五到十年网络安全的责任不仅仅是我们今天这些安全从业人员的责任，我觉得每一个想做互联网业务的公司，每一个有用户资料的公司，每一个要把自己的服务摆到互联网上去的公司，你都要提升你的安全能力，提升你的安全防护水平，你要收集用户的数据，必须要先解决安全可靠的传输存储的基础。

第三，所谓你使用用户的信息，一定你要让用户有知情权，你要让用户有选择权，所谓叫做平等交换、授权使用，你不能未经用户的授权就去采集他的信息。比如今天在手机上有很多数据，有很多应用，它根本和短信毫无关系，它却要把你的短信记录传到网上，这种就没有让用户有知情权，还有很多用户可以选择说，我不需要你提供这个服务，我可以把它关掉，我可以拒绝你采集我的数据，用户一定要有这种选择权。事实上像今天，我刚才说的手环业务、智能家电业务和汽车的业务，很多时候用户没有选择，因为当你选用了这样一个智能产品，你在使用它的服务时，它这个服务先天功能的设计就不可避免的把你一些数据会上传，这里面实际上是用户用自己的数据交换了可能对这种服务的使用，这种数据被企业拿到之后，企业可以利用他来做一些所谓对用户的推广，但一定要获得用户的授权，这种未经用户授权对用户数据的泄露，把这种数据卖给别人利用这种数据牟利，我觉得将来不仅要被视作不道德的行为，而且要看成是非法的行为。

所以有了这三原则，在我们进入IoT时代，我们才能让用户对下一代互联网感觉更放心，才能更好的使用。最后的结束语也是我开头讲的，未来安全的问题不会被彻底解决掉，随着人类越来越贪婪，越来越懒惰，我们的生活越来越舒服，我们对各种先进技术的使用越来越多，带来一个负面就是对安全的挑战越来越多，这种会解决安全的挑战，需要我们每个人也需要我们安全行业的公司，更需要我们安全企业各方面的支持，我们大家一起携手未来创造一个安全的互联网，只有安全的互联网才有美好的互联网，所以在互联网上最重要的就是安全第一。